海绵城市雨水花园可持续发展设计研究

何茜 著

中国水利水电出版社
www.waterpub.com.cn
·北京·

内 容 提 要

雨水花园是海绵城市建设中主要的技术手段，因其具有灵活、形式多样、造价低等特点，是雨水管理中的主要代表设施之一。研究工作需要因地制宜，开展工作要从源头就地入渗、收集、处理并利用雨水，本书希望为小城镇雨水花园的建设提供参考。

本书共六章，系统地介绍了研究工作的背景，国内外雨洪管理与利用，雨水花园框架设计，雨水花园设计，雨水花园雨水收集及处理方法设计，小城镇雨水花园实践。其中雨水花园设计主要从雨水径流管控、管网生态优化布置、植物景观配置、水循环景观的设计进行阐述；雨水收集及处理方法设计从雨水收集系统设计及基于光伏光催化技术的雨水花园小规模污水进行研究；最后通过小城镇雨水花园实践设计验证上述方法。

图书在版编目（CIP）数据

海绵城市雨水花园可持续发展设计研究 / 何茜著.
北京：中国水利水电出版社，2024．6（2024．11 重印）.
ISBN 978-7-5226-2491-4

Ⅰ. P426.62；TU984

中国国家版本馆 CIP 数据核字第 2024Z9H882 号

策划编辑：寇文杰　责任编辑：张玉玲　　加工编辑：刘瑜　封面设计：苏敏

书　　名	海绵城市雨水花园可持续发展设计研究 HAIMIAN CHENGSHI YUSHUI HUAYUAN KECHIXU FAZHAN SHEJI YANJIU
作　　者	何茜　著
出版发行	中国水利水电出版社 （北京市海淀区玉渊潭南路 1 号 D 座　100038） 网址：www.waterpub.com.cn E-mail：mchannel@263.net（答疑） 　　　　sales@mwr.gov.cn 电话：（010）68545888（营销中心）、82562819（组稿）
经　　售	北京科水图书销售有限公司 电话：（010）68545874、63202643 全国各地新华书店和相关出版物销售网点
排　　版	北京万水电子信息有限公司
印　　刷	三河市德贤弘印务有限公司
规　　格	170mm×240mm　16 开本　12.25 印张　206 千字
版　　次	2024 年 6 月第 1 版　2024 年 11 月第 2 次印刷
定　　价	65.00 元

前　言

目前，城市水环境领域的研究重点为创新技术，在该研究背景下，"海绵城市"理念应运而生。该理念的原理是基于城市中的自然排水系统完善生态排水设施建设，维持城市水环境特点在建设前后一致，有效解决城市水源污染、水源紧缺、内涝等问题，优化城市水环境。

海绵城市的建设是在源头上控制雨水径流，并结合"渗、滞、蓄、净、用、排"六个功能措施，运用雨水渗透技术、存贮技术、调节技术、传输技术、截污净化等方面的工程技术手段，从规划、市政、建筑、景观等专业进行统筹，合理规划布置，将控制的径流大小化为每日降雨强度，分块制定合理的指标，设计绿色市政基础设施，兼顾排水防涝。海绵城市建设可削减径流污染，合理利用雨水资源，改善城市水景观，最终构建可持续发展的和谐健康水循环、水生态系统。

在该理念的倡导下，城镇街区、公园等公共设施区域逐渐出现了一种称为雨水花园的集成型绿色雨水基础设施。其原理是根据城市地形因素，在低洼区域种植灌木、乔木等植物，强化城市地面渗透效率，同时对地面水进行净化，提高城市水循环质量。雨水花园利用植物完成水环境调整，在城市低洼地区种植植物，完成地表水净化，减少雨水外排，通过地表渗透补给地下水，提升雨水滞留时间，因此雨水花园也被称作生物滞留设施。在推进雨水花园发展过程中，对植物进行景观化处理，能够优化城市雨水调蓄能力，解决城市雨洪问题，同时还能提升城市内部的观赏价值，为海绵城市的发展提供重要支持。

雨水花园在世界各国广泛应用，具有较高的生态效益、社会效益和经济效益。多个国家正在不断完善各种建造、改造、维护和管理雨水花园的方法。本书旨在探索太阳能技术在雨水花园设计中的应用，实现光催化处理污水，对环境保护、生态平衡和可持续发展具有重要意义。太阳能的引入能够有效净化水源，降低对传统能源的依赖，为可持续发展的海绵城市雨水花园设计工作奠定基础，推动绿色发展。

本书依据海绵城市的建设，结合当地的地域特色，利用现有的雨水花园建设理论和技术，参考居住区雨水利用的案例，寻找适合小城镇雨水利用的方法。在追求可持续发展的背景下，本书致力于解决当前水资源问题，实现雨水径流的控制、渗透、传输、净化和调蓄利用。这一目标旨在有效管理雨水，同时确保环境的可持续性。本书通过采用多种方法和技术，找出雨水管理的最佳实践方法，从而保护和利用雨水资源，改善水资源利用效率，并减少洪水和排水问题的发生。

经过对海绵城市规划设计理论研究和国际相关成果的深入分析，能够更清晰地了解海绵城市设计实施的具体步骤和方法。同时，结合雨水花园的特点，对其重要元素进行明确规划，优化设计流程和目标，将关注点转移到雨水花园的生态优化配置上，提升其适用性和针对性，从而促进雨水花园的深入发展。

本书由西昌学院何茜著，得到了"西昌学院博士研究启动项目（YBZ202145）"的支持。本书为海绵城市雨水花园的可持续发展研究提供了初步的理论参考和实践借鉴，由于作者的水平和能力有限，本书的编写还存在很多不足之处，希望在以后的研究工作中加以完善。

编 者

2023 年 12 月

目　　录

第一章 绪 论

第一节 研 究 背 景

21 世纪初，我国城市建设出现了一种全新的思路，即建设回归自然、崇尚自然的海绵城市。这一思路启发了我国对城市内涝问题的深入思考与研究。海绵城市的理念是城市建设应该与自然保持和谐共存、共同发展。这一理念的引入标志着我国在城市雨洪管理步入全新模式[1]。《海绵城市建设技术指南——低影响开发雨水系统构建（试行）》（建城函〔2014〕275 号）（以下简称《海绵城市建设技术指南》）的发布，标志着我国全面展开了海绵城市建设的研究工作。目前，海绵城市正在迅速推广中，各地都在积极探索海绵城市建设，并致力于研究出适合我国的雨洪管理技术体系。这一举措将生态可持续发展融入城市建设，对于增强人们对生态基础设施建设的认识，并为我国的雨洪问题提供更科学合理的解决方案起到了重要的推动作用。

在 2013 年的中央城镇化工作会议上，习近平总书记提出了推动"海绵城市"建设的重要指示，这一概念着眼于通过创新城市规划和建设理念，建立可持续发展的城市生态环境，为未来城市发展提供更加有效的解决方案。2015 年国务院办公厅印发《关于推进海绵城市建设的指导意见》（国办发〔2015〕75 号），强调修订完善海绵城市建设技术标准的重要性。海绵城市建设标准体系极大影响海绵城市的建设，现存海绵城市建设标准体系还不够完善，需进行修订和完善。2021 年，财政部、住房城乡建设部、水利部联合发布了《关于开展系统化全域推进海绵城市建设示范工作的通知》（财办建〔2021〕35 号），旨在全面推进海绵城市建设。其中，雨水花园作为海绵城市建设中一项重要的设施措施，是一种常见且具有景观效果的雨水径流控制设施，对雨水径流水量的调节和污染物的削减起重要的作用，能降低城市化对水环境的不利影响[2]，因此我国需发展雨水花园技术。

2017 年 10 月 18 日，习近平总书记在党的十九大报告中再次强调了农业、农村和农民问题的重要性，并提出了乡村振兴战略。这一战略与国家发展和民生福祉息息相关，被视为一项根本性工作。全党始终把解决"三农"问题放在首要位置，并努力贯彻落实乡村振兴战略[3]。2018 年 3 月 5 日，国务院总理李克强在政府工作报告中再次强调，我们要大力推进乡村振兴战略，持续努力解决农村问题。例如，2014 年，凉山彝族自治州提出了《大小凉山彝区"十项"扶贫工程总体方案》，旨在积极响应国家的"精准扶贫政策"。凉山彝族自治州是全国最大的彝族人口聚居区和国家乡村振兴战略的重要实施地区，在这种背景下，"彝家新寨"在凉山州的彝族地区迅速兴起，蓬勃发展。截至 2020 年，凉山州 176 个乡镇建成扶贫新村 532 个（其中彝家新寨 261 个）。

实现全面脱贫后，加强人居环境治理是乡村振兴战略的一个重要部分。小城镇污水排放整治和安全饮水在很大程度上都存在问题，解决小城镇生活和生产污水处理，合理化管理居住环境、生态环境，解决水问题成为小城镇生态景观环境设计与改造的重要环节。

第二节　城镇建设与水问题

一、城镇化进程对城市水文的影响

我国城市发展战略持续推进，桥梁、道路等维持城市发展的公共设施建设不断完善，各项施工工程提升了城市地面的硬化程度，弱化了地表的渗水性能。在此情况下，若出现台风、雷暴等强降水恶劣天气，雨水无法有效通过地面渗入地下河，就会增加地面径流量，影响城市排水系统运转。我国目前正处在城市化进程快速发展的阶段，然而，目前的城市化模式还相对粗放，并且过度无序的土地开发（商业、工业、住宅）方式对流域的景观生态安全格局构成了破坏。这样的情况导致了自然水文条件的改变，进而引发了洪涝灾害、水环境污染以及水资源短缺等问题。因此，我们迫切需要采取措施解决这些问题。

随着城镇化建设的推进，城市内不透水地面的占比迅速增加，这对自然水循环（即径流、蒸发和下渗）产生了严重的干扰。这种情况导致降雨无法充分渗透到土壤中,渗透通道被封堵,从而使得雨水的蒸发和下渗量减少,而径流量却显著增加。此外,不透水地表相比起自然地表更加平整光滑,使得雨水汇聚的时间大大缩短。因此,城镇化建设对自然水循环的影响不可小觑。城市土地利用方式发生变化,复杂的城市下垫面和高大的建筑物导致降雨频率和降雨量增加,城市所特有的"雨岛效应"逐年凸显。

由于过度无序的城市土地开发,城市天然的可以用于滞留雨洪的自然资源(如林地、湿地、池塘、湖泊、河流等)被不合理占用,这对流域的生态安全格局产生了负面影响。这种开发行为削弱了城市应对雨洪灾害的能力,因此导致暴雨过后流域内的多条河流出现暴涨现象,相邻城市受到牵连,形势严峻。2022年中国南方洪涝灾害情况如表1-1所示。

表1-1 2022年中国南方洪涝灾害情况

名称	内容	数量
受灾省份	上海、重庆、四川、广西、贵州、广东、浙江、江西、湖南、北京、安徽、福建	12
洪水预警	淮河、长江、鄱阳湖	3
受灾人数	27省(市)	约3020万人次
经济损失	农业、建筑、基础设施	617.9亿元

数据来源:中国应急管理部。

二、传统市政基础设施存在的问题和不足

传统的市政基础设施主要是指灰色基础设施。城市排水系统主要用于解决泄洪和排水的问题,旨在防止城市洪水灾害和有效排放雨水。这些基础设施的建设与维护对于城市的安全和可持续发展至关重要。从其建设条件、设计标准、水处理理念上来看,传统的市政基础设施有相当的局限性,城市化建设导致给排水系统基础设施建设方面存在问题,而这些问题也正是城市快速发展的一个瓶颈。灰色基础设施的建设进展远远落后于城市的需求增长,很多年代久远的设施已经陈旧不堪,其设计标准也过低。很多城市的排水设计标准过低、管道数量少、管径小,随着城市化的发展,改造和维修难度增加,暴雨导致城市内涝严重。灰色基础设施建设项目单一,排水设施自身受限,忽略其他方面的要求,例如,与周围

环境的融合，对自然循环的利用，不符合可持续发展理念的要求。

传统市政基础设施的做法导致雨水下渗量大幅减少，进而导致地下水资源无法得到有效补充。与此同时，这种做法还引发了江河水量过剩的问题，造成大量雨水资源的浪费。小城镇在处理雨水径流污染方面，并没有采取非常有效的措施，而是直接将雨水排放入江河中，并未经过充分沉淀或去除杂质的处理，加剧了水源的污染。城市内部的渗透雨水携带着大量未经处理的污染物，当其穿过地表时，不仅会污染地表的植被和水源，而且也威胁着地下水环境。因此，急需采取措施来解决这一问题。

三、水资源问题的凸显

在降雨过程中，城市地表的流动性雨水会夹杂营养物质、悬浮物、油脂等，通过城市排水系统进入到受纳水体中。流动性雨水还会携带重金属物质、致病菌，该类污染物质排入到受纳水体中，不仅会对城市生态环境及水循环系统造成不良影响，还会严重威胁人民群众正常的生产生活。2022 年水资源公报显示：湖泊水体富营养化、污染现象较严重，对城市水质产生较大的不良影响。

目前我国人均可饮用水资源占有量仅仅达到全世界人均占有量的 1/4，这个数字非常低，说明国内可用的水资源非常稀缺。此外，因地域广阔，导致我国水资源不均衡。我国近 700 个城市中，有超过一半的城市存在着水资源缺失的问题，且缺失程度不一，给城市经济带来了较大的发展阻碍，同时也给人们的生活带来了极大的困扰。我国工业化、城市化步伐的加快，虽然推动了经济发展，但同时在一定程度上也带来了负面影响，导致很多地方的水源被严重污染。据统计，全国有 1/3 地表水、1/4 地下水水质严重超标，一些地方甚至已经无法使用地表水和地下水。污水的来源除了工业生产与生活用水，城市降雨后，雨水也会带来一定的污染。雨水中含有大量的污染物，雨水径流会卷入大量的污染物排到较近的水体之中。在雨水污染物中，存在大量的氮磷元素，一旦含量超标，则会导致水体出现严重的富营养化问题[4]。现阶段，传统的城市规划理念以让雨水快速排干为核心目标，然而随着城市污水大量排向下游水系，对下游水系的基础设施建设产生了较大影响。

四、乡村建设面临的问题

我国乡村基础设施建设有两个方面的问题：一是乡村景观的建设，乡村景观的建设渗透于人民的生活中，作为人类活动形成的产物具有明显的地域特色，不同地区的乡村景观呈现的风貌不一样，表现方式也不一样。在建设中既要保留人文景观，还要兼顾自然景观的结合。二是乡村的水环境，生活污水直排渗入土壤或进入河道造成水污染。雨水基本没有收集处理措施，水环境治理相对落后。乡村的规划和建设滞后使得原有乡村无法面对气候变化和极端降雨天气，导致雨水资源的利用不足。乡村的基础设施落后，干旱时容易造成供水短缺和水资源匮乏的情况。

第二章　国内外雨水管理与利用研究

降雨作为一种自然现象，极大地影响着人类的生产生活。由于工业化和城市化的快速发展，雨水的排放方式造成了城市雨水管理问题。20世纪90年代至今，各国都将可持续的雨水管理作为建设发展的重要内容。可持续发展的核心在于平衡人类与自然之间的关系，它将人们的需求与资源消耗、自然灾害等问题联系起来，并探索基于合理利用自然资源、与环境承载能力相协调的城市发展模式。为了有效组织人类活动、规范行为、实现社会进步、改善环境和确保经济稳定，舆论监督、政府规范和法制约束等措施起到了重要作用。在这个过程中，人们需要认真对待环境问题，推动城市的可持续发展，为子孙后代创造更美好的生活环境。

我国大多数城市雨水利用基本处于初级研究阶段，雨洪管理与发达国家相比在规划、设计、建造等都较为落后，雨水资源大量流失，加重河道排水压力，从而引发次生灾害。基于此背景，"海绵城市"理念应运而生，有效且成熟的雨洪管理措施也应运而生。"海绵城市"的研究主要集中在关于雨洪设施和防涝设施的探索，缓解城市因为不透水面积增加而产生的雨水问题，并且保护、恢复自然水文特征。雨水花园是在"海绵城市"建设中利用低影响发展（Low Impact Development，LID）技术对雨水进行渗、蓄、进、回的处理方式。

本章内容将文献资料中关于雨水管理、雨水处理利用的相关内容及国内外最新研究成果进行整理，为后续的研究奠定理论基础。

第一节　海绵城市理念

一、概念

海绵城市旨在应对城市化进程中面临的水资源管理和城市水利用的挑战。它强调通过模仿自然生态系统的原理和功能，改善城市的水循环和水管理能力。

　　海绵城市概念最早由中国学者提出，后来得到了国际社会的广泛认可和关注。这一概念通过建设多功能、透水性强的城市基础设施，如绿色屋顶、雨水收集系统、湿地公园等，来实现城市雨水的收集、储存和利用，改善城市热岛效应以及城市生态环境。

　　海绵城市的核心思想是打造市"吸水、保水、渗水、减水"的能力，以降低城市对外部水资源的依赖，并有效地处理和利用内部水资源。通过优化土地利用、保护自然河流和湿地、构建雨水收集系统等措施，海绵城市可以实现城市洪水的减缓和排水系统的优化。海绵城市的概念提醒人们，城市发展不能仅仅关注经济增长，也要考虑自然资源的合理利用和生态环境的保护。它要求城市规划者和决策者在制定政策和规划时，充分考虑城市与自然环境的互动关系，使城市更加可持续、宜居和适应气候变化。

　　海绵城市理念是一种多目标、多技术、全过程控制的雨水管理理念，是不同于传统雨水管理的理念，是在综合美国低影响开发理念、澳大利亚水敏感理念及英国可持续排水系统理念后，提出的具有中国特色的雨水管理措施，也是一种生态自然环境建设方式。海绵城市主要依托道路、植物、水体等城市环境要素，进一步吸收纳入和存贮雨水，实现缓释作用。

二、海绵城市的本质

　　海绵城市的本质是通过改善城市的水循环和水管理能力，实现水资源的合理利用、水环境的保护和水灾风险的减少。海绵城市具体原理是以城市中的自然排水系统为基础，完善生态排水设施建设，维持城市水环境特点在建设前后一致，有效解决城市水源污染、水源紧缺、内涝等问题，优化城市水环境。海绵城市是一个多学科交叉的专项规划设计，是建立在水文学、风景园林学、植物学、气象学等学科上的新理念。"海绵"不是仅仅解决单个水体的问题，而是系统全面地解决水环境问题，是一个水生态的基础建设，从水安全模式到水资源生态体现；"海绵"建设的设计理念是科学规划使用水资源，形成生态循环化使用水资源；"海绵"的建设还能促进防洪和排水，促进水资源的可持续发展和保护；"海绵"建设是从"源头减排、过程控制、末端治理"三个层次达到本质目标。海绵城市结构示意如图2-1所示。

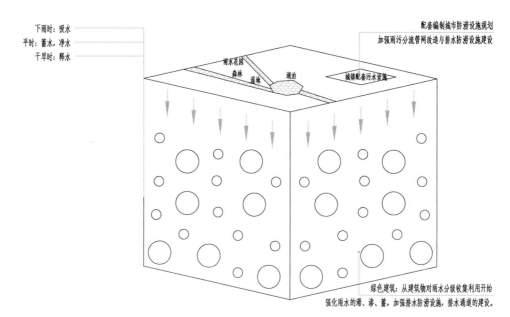

图 2-1　海绵城市结构示意

三、海绵城市的发展历程

我国雨水利用的思想历史悠远，在古代就有在平原地区修建水库、在丘陵地区修建联通水塘的经验，在明朝北京团城出现了早期雨水利用的形式。二十世纪八九十年代，我国开始在大型城市发展中规划雨水的收集利用，国家进行大力投入，在不断的努力下，取得显著成效。但是我国的雨水利用还处于初级探索阶段，还缺乏全面的规划设计指导，重点还需要落实在具体的技术建造上。与发达国家相比，还存在理论和现实建设上的差距，雨水收集利用还未在更多的城市得到大规模的利用，特别小城镇的建设还停留在"排"上面，"灰色基础设施"未得到有效改善。

在当前背景下，学者们强烈建议将绿色基础设施纳入城市规划，这样能更广泛地推动"海绵城市"的发展。我国非常重视"海绵城市"的建设，不仅引入了新的技术，也逐步加大宣传力度以形成民众对环境保护的深刻认识，这为海绵城市的推广和实施奠定了坚实基础。回顾海绵城市理念的发展历程，可以将其大致分为四个阶段。

第一阶段（2003 年）：提出理念时期。在俞孔坚和李迪华的著作《探讨城市景观：与市长对话》中，阐述了创建城市生态基础设施的十大关键策略，其中之一即维护和修复河道以及滨水地带的自然形态。他们指出，河道两侧的自然湿地具备海绵的特性，有助于有效调节河水的丰枯变化，从而减轻旱涝灾害的发生。这个观点认为河道周边的自然湿地，不仅可以保护河道的自然风貌，还能够增加城市的自然景观，并起到调节气候、保持水质等方面的作用。因此，在城市规划中，应高度重视维护河道及滨水地带的自然形态，并纳入城市生态基础设施的建设范畴。

第二阶段（2003—2013 年）：实践研究时期。海绵城市理念的生态基础设施正在各地区得到广泛实施，这一举措在俞孔坚及其北京大学研究团队的推动下迅速发展。他们致力于构建具备景观生态安全格局和水资源保护利用能力的城市水资源设计方案，运用与当地气候、土壤和水环境特征相适应的生态技术，取得了显著成效。

第三阶段（2013—2014 年）：政府认同时期。2013 年，习近平总书记在中央城镇化工作会议上首次提出了"建设自然积存、自然渗透、自然净化"理念以及"海绵城市"的概念。随后，2014 年 10 月国家住房城乡建设部发布了《海绵城市建设技术指南》，该文件以海绵城市理念为核心，为海绵城市建设提供了重要参考和规范。

第四阶段（2015 年至今）：大力发展时期。《海绵城市建设技术指南》发布后，四川省成都市、江苏省宿迁市和陕西省西安市等城市积极提出了建设海绵城市的计划，我国海绵城市政策汇总如表 2-1 所示。将海绵城市理念和低影响开发技术措施广泛应用于城区更新改造和新区开发建设的工作中。这些城市正在全力以赴实现可持续、环保和适应性强的城市发展。

表 2-1　我国海绵城市政策汇总

时间	单位	政策名称	相关内容
2013.06	住房和城乡建设部	《住房城乡建设部关于印发城市排水（雨水)防涝综合规划编制大纲的通知》（国办发〔2013〕23 号）	地方提交城市排水防涝设施雨水灌渠、雨水调蓄措施和低影响开发相关建设任务汇总表
2014.02	住房和城乡建设部	《住房和建设部城市建设司 2014 工作要点》（建城综函〔2014〕23 号）	提出建设海绵型城市的新概念，编制《国家城市排水防涝设施建设规划》

时间	单位	政策名称	相关内容
2014.06	国务院	《国务院办公厅关于加强城市地下管线建设管理的指导意见》(国办发〔2014〕27号)	推进雨污分流管网改造和建设,暂不具备改造条件的,要建设截留干管,适当加大截流倍数
2014.08	住房和城乡建设部、发展和改革委员会	《关于进一步加强城市节水工作的通知》(建城〔2014〕114号)	新建城区硬化地面中,可渗透地面面积不低于40%,并加快对使用年限超过50年和材质落后供水管网的更新改造
2014.09	国务院	《国家应对气候变化规划(2014—2020年)》(国家发展改革委2014年9月)	重点城市城区及其他重点地区防洪排涝抗旱能力显著增强
2014.10	住房和城乡建设部	《海绵城市建设技术指南——低影响开发雨水系统构建(试行)》(建城函〔2014〕275号)(住房城乡建设部2014年10月)	给出海绵城市技术指导,定义,规划标准等
2015.04	水利部、财政部	《海绵城市试点城市名单》(根据财政部、住房城乡建设部、水利部《关于开展中央财政支持海绵城市建设试点工作的通知》(财建〔2014〕838号)和《关于组织申报2015年海绵城市建设试点城市的通知》(财办建〔2015〕4号)评选名单	公布16座海绵城市试点名单:迁安、白城、镇江、嘉兴、池州、厦门、萍乡、济南、鹤壁、武汉、常德、南宁、重庆、遂宁、贵安新区和西咸新区
2015.07	住房和城乡建设部、水利部、财政部	《关于印发海绵城市建设绩效评价与考核办法(试行)的通知》(建办城函〔2015〕635号)	从水生态、水环境、水资源、水安全、制度建设及执行情况、显示度六个方面考核
2015.10	国务院	《关于推进海绵城市建设的指导意见》(国办发〔2015〕75号)	将70%的降雨就地消纳和利用,城市建成区到2020年20%、2030年80%以上面积要达到要求
2017.05	住房和城乡建设部、发展和改革委员会	《全国城市市政基础设施建设"十三五"规划》(住房城乡建设部 国家发展改革委2017年5月)	将城市综合管廊建设工程列为重点工程之一,要求建设干线、支线地下综合管廊8000km以上;提出加快推进海绵城市建设,2020年20%以上城市建成区面积须达到海绵城市目标要求,2030年该比例达到80%
2019.2	住房和城乡建设部	《城市地下综合管廊运行维护及安全技术标准》(GB 51354—2019)	对海绵城市建设的评价内容、评价方法等作了规定。要求海绵城市的建设要保护自然生态格局,采用"渗、滞、蓄、净、用、排"等方法实现海绵城市建设的综合目标

续表

时间	单位	政策名称	相关内容
2021.04	住房和城乡建设部、水利部、财政部	《关于开展系统化全域推进海绵城市建设示范工作的通知》（财办建〔2021〕35号）	过竞争性选拔，确定部分基础条件好、积极性高、特色突出的城市开展典型示范，系统化全域推进海绵城市建设，中央财政对示范城市给予定额补助。示范城市应充分运用国家海绵城市试点工作经验和成果，制定全域开展海绵城市建设工作方案，建立与系统化全域推进海绵城市建设相适应的长效机制，统筹使用中央和地方资金，完善法规制度、规划标准、投融资机制及相关配套政策，结合开展城市防洪排涝设施建设、地下空间建设、老旧小区改造等，全域系统化建设海绵城市

　　在《海绵城市建设技术指南》的指导下，我国各地因地制宜，针对水资源问题和海绵城市的建设都出台了许多相关政策，这些政策的出台在水资源的收集和利用中起到促进作用，对当地的生态环境保护起到改善作用。各地在基础设施建设中规划海绵城市建设，加大雨水花园的建设，既收集、利用雨水，还增加雨水的再利用功能，减轻市政管网的压力，从"灰色基础设施建设"向"绿色基础设施建设"有序过渡。在海绵城市实施背景下，雨水花园系统的建立也越来越多，国内众多学者对雨水管理和利用在不断研究，很多文章和著作在不同程度地阐述雨水资源利用建设中如何推进，如何与当地政策、气候资源条件、生态条件相适应，推进设计方法、技术措施、建设标准，促成相关理论体系，这些都为海绵城市、雨水花园的建设构建良好的理论基础。2023年我国各地关于海绵城市政策汇总如表2-2所示。

表2-2　2023年我国各地关于海绵城市政策汇总

时间	地区（省、市）	相关政策
2023.01	北京	《北京市全面打赢城乡水环境治理歼灭战三年行动方案（2023—2025年）的通知》（京政发〔2023〕6号）
2023.05	天津	《天津市宝坻区碳达峰实施方案》
2023.02	重庆	《房屋建设项目海绵城市建设操作手册》

时间	地区（省、市）	相关政策
2023.04	东莞	《东莞市海绵城市建设管控豁免清单（2023 年版）》
2023.01	绍兴	《绍兴市海绵城市建设项目质量管理办法（试行）》（绍兴市住房和城乡建设局办公室 2022 年 1 月 13 日印发）
2023.04	宁波	《关于进一步加强海绵城市建设管理工作的要求通知》（建办城函〔2024〕165 号）

我国目前正推行"海绵城市"概念，以低影响开发理念为指导，大多数地区纷纷建设雨水花园及相应的雨水管理体系。在初期建设中，许多地方的高校先行尝试，主要关注小地块的实验项目，旨在研究雨水花园的功能和作用。随着后期推广，我国绿色基础设施建设得到了广泛应用，并取得较好的社会效益。这使得雨水花园不再局限于狭义的下凹绿地，而成为了具备广义的雨洪管理措施的重要组成部分。雨水花园作为综合性较强的绿色基础设施，广泛应用在道路、广场、学校、居住区、城镇基础设施建设中，我国优秀的雨水花园设施包括雄安新区建设、陕西西咸新城等，这些宝贵的经验都将促进在乡村振兴计划中建设具有地方特色的"海绵城市"雨水花园，为本研究提供理论研究基础和设计指导。雄安新区雨水花园实景图如图 2-2 所示。

图 2-2　雄安新区雨水花园实景图

四、海绵城市的功能措施

《海绵城市建设技术指南》明确指出，在海绵城市建设中，必须通过生态途径来调整城市水生态系统的功能，以增强城市对径流和雨水的处理能力。为了实现水循环的健康发展，该文件提出了六个关键的功能措施，即渗、滞、蓄、净、用和排。这些措施提供全面而可持续的水资源管理解决方案，为城市的水资源保护和可持续发展作出贡献。随着海绵城市理念的普及和推广，我国将逐步建设更多具有良好水环境的城市，为人民提供宜居的生活环境和可持续发展的空间。

1. 渗

雨水下渗，采用透水铺装，减少硬质铺装，利用透水材料将地面雨水渗入地下，涵养地下水。可以充分利用路面、绿地等下垫面的下渗功能，从源头上减少径流量，存贮雨水，提高下垫面的透水性，能及时补充地下水。在保证城市基础设施功能的前提下，通过收集、阻隔、排水、存贮等方式解决雨水下渗问题，构建新型城市基础道路系统，实现水资源利用最大化。

2. 滞

雨水滞留，通过改变雨水径流峰值出现的时间，降低雨水径流量和雨水汇集速度，提高雨水滞留的作用。为了减少短时间内雨水径流量的形成，可以利用植草沟、下凹式绿地、雨水花园和人工湿地来扩大滞水面积。这些措施不仅能有效延缓雨水的排放速度，还可以在暴雨时实现错峰排水，达到更好的调节效果。

3. 蓄

雨水调蓄，通过对雨水径流的调蓄，降低峰值流量，为雨水资源的利用提供条件。通过收集雨水实现自然分散，达到错峰和调蓄的作用，并且还能合理利用雨水资源。

4. 净

雨水净化，将收集的雨水通过去除水中杂质，去除化学污染物，改善城市水环境的作用。同时还可以利用植被根系和土壤紧密结合，防止水分流失，提高土壤湿度，从而降低地表径流。

5. 用

充分利用雨水资源，缓解水资源短缺问题。通过雨水渗透、过滤污染物、吸收雨水等方式收集雨水、减少地面径流，将收集的雨水通过土壤净化、生物处理等多层次净化后再利用，整个过程通过渗透涵养水源，通过调蓄把水留在地表，通过净化水再利用，减轻城市用水压力，同时防止城市内涝。

6. 排

雨水排放，即雨水的安全排放，通过绿色设施建设，或与原有灰色设施相结合的排放体制，减少城市内涝，确保城市运行。利用工程设施，排水设施和天然水体相结合，地面排水与地下雨水管网结合排放，超标雨水通过处理后进行排放。

海绵城市的建设由于任务重、内容复杂，具备水面景观等特点，所以在建设时要因地制宜。海绵城市的"渗、滞、蓄、净、用、排"功能措施可以改变传统的快排、速排、及时排、就近排的工程排水方式，从而实现综合排水、绿色排水，提高资源利用，保护环境。

五、海绵城市的工程技术手段

工程技术手段是通过各种技术的组合，主要包括渗透、存贮、调节、传输、截污、净化等几种手段，实现雨水径流总量控制、径流污染控制、雨水净化利用。在应用中结合不同地区的特点及技术经济情况，按因地制宜原则和经济节能目标选择不同的工程技术组合方法。

1. 渗透技术

海绵城市建设中的雨水渗透技术有地下渗透和表面渗透两类。地下渗透设施包括透水铺装、雨水渗井等；表面渗透设施主要包括绿色屋顶、下凹绿地、雨水花园。

（1）透水铺装。透水铺装是指按照不同的面层材料，在传统路面的基础上铺装透水性辅材。为了扩大城市的透水面积，需要采取措施来增加透水区域。这些措施应具备覆盖范围广、施工便利等特点，并能够有效补充地下水资源。同时，这些措施还应当具有减缓雨水径流峰值流量和净化雨水的功能。

透水铺装可以利用透水混凝土、透水沥青、透水砖等材料进行铺装，以达到透水的效果。这种铺装结构包括多个层次，如结构层、封层、找平层、反滤隔离层，其中结构层又由透水面层、基层和垫层组成。

1）透水混凝土路面。透水混凝土具备优良的透水、保水和透气特性，且质地轻盈，此外，它还具有吸音降噪、抗洪灾和缓解"热岛效应"的功能。透水混凝土还可根据不同的环境、风格和个性要求不同的装饰风格，搭配色彩以满足装饰效果。透水混凝土路面分为全透型和半透型，全透型路面主要用于公共区内的场地铺装,如人行道、非机动车道、停车场、广场等;半透型路面主要用于路基强度和稳定性存在风险的路面或者流量不大、荷载较小的路面。透水混凝土大样图如图 2-3 所示,透水混凝土路面实景效果图如图 2-4 所示。

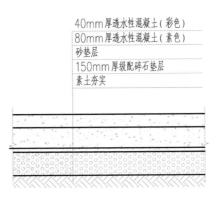

图 2-3　透水混凝土大样图

图 2-4　透水混凝土路面实景效果图

2)透水沥青路面。透水沥青路面与其他沥青路面一样,仅在路面铺装透水沥青。按照透水性质分为全透型、半透型、表面排水型。全透型路面是整个路面结构都具有良好的透水性,雨水通过路面下渗土基,能及时补充地下水,改善道路周边的水环境,保持水生态平衡,一般用于公共区内的场地铺装,如人行道、非机动车道、停车场、广场等;半透型路面是面层和基层具有良好的透水性,雨水通过面层深入到基层,基层横向排水,具有贮水、减少地面径流的作用,适用于路基强度和稳定性存在风险的路面或者车流量不大、荷载较小的路面;沥青面层作为透水功能层，下设封层，能有效排水。雨水横向通过面层流出，不仅增强路面抗滑能力和减少地表径流，还能降低道路两侧噪声。这种设计适用于新建或改建的城市高架快速路等道路工程。透水沥青路面大样图如图 2-5 所示，透水沥青混凝土路面实景效果图如图 2-6 所示。

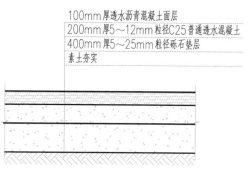

图 2-5　透水沥青路面大样图

图 2-6　透水沥青混凝土路面实景效果图

3）透水砖铺装。在建材分类中，透水砖根据材料的不同可以分为普通透水砖、聚合物纤维透水砖以及彩石复合透水砖。普通透水砖采用碎石多孔混凝土材料制成，适用于各种不同的场所；聚合物纤维透水砖则使用花岗岩等为主要骨料，添加高质量水泥、聚合物增强剂等，经过压制制作而成，适用于停车场、广场、人行道等场所；彩石复合透水砖使用天然的大理石、环氧树脂胶，经过先进技术研发而成，是一种经济产品，适用于商业街、大型广场、高档别墅小区。透水砖铺装大样图如图 2-7 所示，透水砖铺设实景图如图 2-8 所示。

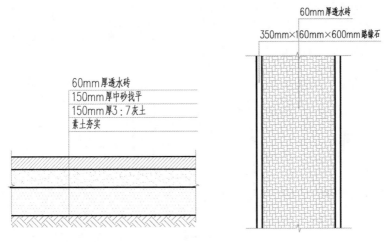

图 2-7　透水砖铺装大样图

图 2-8　透水砖铺设实景图

4）其他材料的透水铺装。这包括嵌草砖，嵌草步汀，园林中鹅卵石、碎石地面铺装等。嵌草砖主要适用于人行道、停车场、广场、公园等；嵌草步汀适用于园林庭院中，是步石的一种类型；鹅卵石、碎石透水铺装适用于公园、庭院等场所。

目前透水铺装的结构应满足国家行业技术规范的要求，主要技术规程为《透水水泥混凝土路面技术规程》（CJJ/T 135—2009）、《透水沥青路面技术规程》（CJJ/T 190—2012）、《透水砖路面技术规程》（CJJ/T 188—2012），此外透水铺装都应同步建设透水基础，还应该根据实际铺装地区情况选择相应的铺装方式，例如严寒地区、湿陷性黄土地区、膨胀土地区、滑坡灾害地区不适合全透型铺装。其他材料透水铺装如图 2-9 所示。

（a）嵌草砖铺装实景效果图

（b）嵌草步汀铺装实景效果图

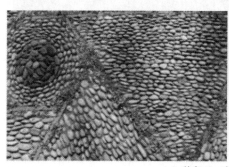

（c）鹅卵石、碎石铺装实景效果图

图 2-9　其他材料透水铺装

（2）雨水渗井。雨水渗井是一种人工建造的设施，用于收集并促进雨水渗透到地下。通常情况下，雨水渗井由一个深而窄的井口和周围填充有砾石或其他渗透性物质的区域构成。当雨水通过该区域时，它会被过滤并渗透至地下水层。海绵城市中雨水渗井通常指溢流式渗透井，雨水渗井是一种非常实用的设施。溢流式渗透井大样图如图 2-10 所示。

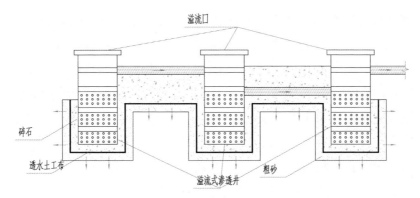

图 2-10 溢流式渗透井大样图

（3）绿色屋顶。绿色屋顶也叫绿化屋顶、种植屋面[5]，是一种在建筑物、构筑物的顶面、侧面上种植植物的可持续发展建筑实践。绿色屋顶具有环境保护、能源效益、空气质量提高、声音吸收、美化城市景观等方面的作用。绿色屋顶可以减少雨水径流，减少洪水风险，提高城市排水系统的负荷，净化空气，提高空气质量；增加城市的绿色空间，改善城市景观，减少建筑物内外的噪声，提供更好的室内环境。

绿色屋顶是由建筑物的多个层次构成的，包括结构层、防水层、保护层、排水层、隔离滤水垫层、蓄水层、种植层和植被层。每一层都有自己的功能，都关系着屋顶植物的生长状况和维护管理。根阻层是绿色屋顶的基础，位于建筑物结构层上面，植物的根系在生长过程中，会向土壤深处延伸并吸取水分和养分。如果没有适当的根阻层保护，这些根系可能会穿透防水层，破坏屋顶结构。因此，确保有一个有效的根阻层是至关重要的，以保护屋顶免受植物根系的影响。通过在屋顶结构上添加根阻层材料，可以阻止根系的穿透并提供必要的保护。排水层在根阻层上面，作用是遇强降雨时，及时将多余的雨水排出，以免损伤植物根部，排水层的构成通常包括排水管道、排水板、鹅卵石或天然砾石以及膨胀页岩等元素。而隔离滤水垫层则具有双重功能，一方面防止绿色屋顶土壤中的微小颗粒随雨水流失，另一方面还能有效防止雨水排水管道的堵塞问题的发生，一般由聚酯纤维无纺布，采用土工布铺设。蓄水层位于滤水层上方，具备控制雨水径流总量的能力，能有效储存适量的雨水资源，持续滋养屋顶上的植被生态。屋顶绿化一般采用的铺设材料是聚合纤维或矿棉，并将种植基层设置在蓄水层上方，以为植被提供养分和水分，满足屋顶植物所需的生活条件。同时，种植层还具备渗透性和空间稳定性，能够迅速排水。常用的地面覆盖材料包括浮石、炉渣、膨胀页岩以及天然或人工石材等，与有机质混合后，可以优化土壤质地。植被层位于种植基层之上，对于屋顶的美观和实用性起着重要的作用，应选择抗风能力较强、抗寒抗旱能力出色且无需频繁修剪的植物，这些植物不仅能够增加屋面的景观效果，还能提供防风、保温、降噪等实用功能。

绿色屋顶按结构是否承重分为承重绿色屋顶和轻型绿色屋顶。承重绿色屋顶是指在建筑物屋顶上种植大型植物，如树木和灌木。这种类型的绿色屋顶需要更强的结构支持，因为植物的重量较大。轻型绿色屋顶是指在建筑物屋顶上种植小型植物，这种类型的绿色屋顶较轻，对建筑物结构要求低。

绿色屋顶还可分为简单式和花园式。通常简单式绿色屋顶的基质层深度<150mm，而花园式绿色屋顶在种植高大乔木时，基质层深度可达600mm以上，可以提供更多的种植空间，并打造更加多样化的景观效果。

绿色屋顶根据屋顶形式分为绿色平屋顶和绿色坡屋顶（适合坡度<15°）。设计绿色屋顶时应注意屋顶荷载和防水条件，必要时应加固改造并重新计算后实施。绿色屋顶的实施应满足国家行业技术规范的要求，主要技术规程为《种植屋面工程技术规程》（JGJ 155—2013）。绿色屋顶结构大样图如图2-11所示，绿色屋顶实景效果图如图2-12所示。

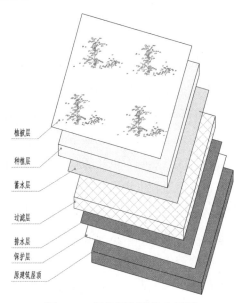

植被层
种植层
蓄水层
过滤层
排水层
保护层
原建筑屋顶

图2-11　绿色屋顶结构大样图

图 2-12　绿色屋顶实景效果图

（4）下凹绿地。下凹绿地又称下沉式绿地、低势绿地。在城市规划中，下凹式绿地是指将绿地区域设计成低于周围环境的凹地，以便容纳雨水并促进自然渗透。这种设计有助于减少城市雨水径流，提高雨水的收集和利用效率，同时可以改善城市绿地的生态环境，增加植被覆盖，降低城市热岛效应。在城市规划中，下凹式绿地可以作为重要的防洪措施之一，也有利于改善城市水系和生态环境。此外，下凹式绿地还可以作为城市景观和休闲空间，为居民提供更多的户外活动场所。需要注意的是，在设计和规划下凹式绿地时，必须考虑到地形地貌、水文条件、土壤特性等因素，确保其在实际运行中发挥预期效果，并且不会对周围环境和居民生活造成负面影响。下凹式绿地是一个大型的凹陷贮水净化装置，与雨水花园相比，具有结构简单，成本更低的特点，并且能有效阻隔面源污染[6]，是城市建设中使用较多的设施之一。

下凹式绿地能汇集周边不透水铺装的径流，雨水蓄渗效果好，不但充分利用绿地的下渗能力而且利用了绿地的贮水能力。贮水能力随着下凹深度的增加而增强，当下凹深度为 15m，最长贮水时间为 21h，小于绿地一般植物淹没时间，不影响绿色植物的生长，能及时补充地下水。下凹式绿地还能消减径流总量和洪峰流量、延缓峰现时间的目的，能够消减雨水径流中的有机物、氮、磷等污染物。

在城市建设中，下凹式绿地设计在小区、道路、广场和绿地中广泛应用。针对那些容易产生径流污染的区域，或是设施底部距离季节性最高地下水位或岩石层小于 1m 且距离建筑物基础小于 3m 的区域，应当采取必要的预防措施，以防止灾害事件的发生。下凹绿地通常包括生物滞留设施、生态树池、雨水渗

透塘、雨水湿塘、雨水湿地等。下凹式绿地大样图如图 2-13 所示，下凹式绿地
实景图如图 2-14 所示。

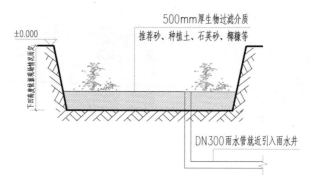

图 2-13　下凹式绿地大样图

（a）人行道与车道下凹式绿地　　　　　　（b）中分带下凹式绿地

图 2-14　下凹式绿地实景图

1）生物滞留设施。生物滞留设施是一种通过植物和土壤等生物活性材料来处
理雨水径流的设施。它们通常被设计成可以容纳雨水并通过植被和土壤中的微生
物对水进行过滤和净化，从而减少污染物的排放。在城市规划和建设中，生物滞
留设施被广泛应用于雨水管理系统中，以减少城市雨水径流对环境造成的负面影
响。这些设施不仅可以净化雨水，还有助于提高雨水的渗透和蓄存能力，减轻城
市洪涝问题。它们不仅可以改善城市雨水处理系统，还能增加城市绿化覆盖率，
提升城市生态环境质量。

研究显示，生物滞留设施对雨水径流中的总悬浮物（Total Suspended Solids，
TSS）、重金属、油脂类和病原微生物等污染物具有良好的去除效果。然而，对氮、

磷等营养物质的去除效果却并不好[7]。生物滞留设施可分为简易型和复杂型两种。简易型生物滞留设施包括蓄水层、覆盖层、原土层、溢流口和检查井；而复杂型生物滞留设施则由蓄水层、覆盖层、换土层、透水层、防渗膜、排水管、砾石层、溢流口和检查井组成。这些发现强调了生物滞留设施在雨水管理和环境保护方面的重要作用。复杂型生物滞留设施大样图如图2-15所示。生物滞留设施实景图如图2-16所示。

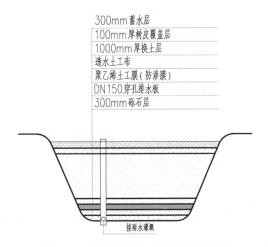

图 2-15　复杂型生物滞留设施大样图

图 2-16　生物滞留设施实景图

　　2）生态树池。在布置行道树时，常会设置一系列连贯的树池，它们通常被安排在路面稍低的位置。这样做的目的是将这些树池用作潜在的收水工具，以最大限度地发挥它们在收集和过滤雨水径流方面的功能。因此，树池的标高一般会比路面低一些，这样可以有效地收集并初步过滤雨水径流。生态树池适用于广场、人行道、非机动车道等场所。生态树池大样图如图 2-17 所示，生态树池实景图如图 2-18 所示。

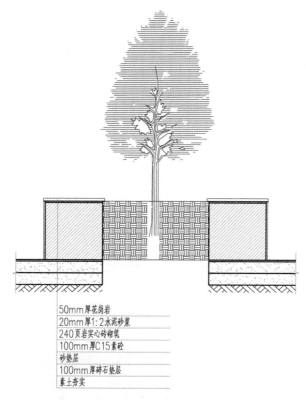

50mm厚花岗岩
20mm厚1:2水泥砂浆
240页岩实心砖砌筑
100mm厚C15素砼
砂垫层
100mm厚碎石垫层
素土夯实

图 2-17　生态树池大样图

图 2-18　生态树池实景图

3）雨水渗透塘。雨水渗透池塘是一种利用低洼地水塘或地下水池来促使雨水渗透的设施。它不仅有助于净化雨水，还可以有效地减轻峰值流量对环境的冲击。渗透塘设施的构造相对复杂，包括前置塘、渗透塘以及放空管和排放管等。这种设施适用于面积不超过 1hm^2 且具备一定空间条件的区域，特别适合应用于城市立交桥下以及隧道下方的区域集中收集汇水的地方。雨水渗透塘分为干式、湿式两类，干式渗透塘在雨季随雨量的大小变化很大，在非雨季无水；湿式渗透塘常年有水，类似水塘。雨水渗透塘大样图如图 2-19 所示，雨水渗透塘实景图如图 2-20 所示。

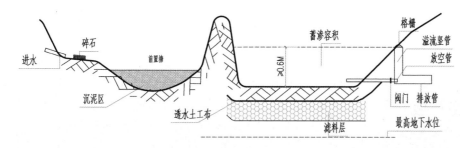

图 2-19　雨水渗透塘大样图

图 2-20　雨水渗透塘实景图

4）雨水湿塘。雨水湿塘是一种通过收集和净化雨水的人工湿地系统。它们通常被设计为能够容纳雨水，并通过湿地植被和微生物的作用，对雨水进行过滤和净化，同时具有一定的蓄水和自然渗透功能。在城市规划和建设中，雨水湿塘被广泛应用于雨水管理系统中，其作用类似于生物滞留设施，可以减少城市雨水径流对环境造成的负面影响。此外，雨水湿塘还可以成为城市绿化景观的一部分，提升城市生态环境的质量，为人们提供休闲娱乐的场所。雨水湿塘示大样图如图 2-21 所示，雨水湿塘实景图如图 2-22 所示。

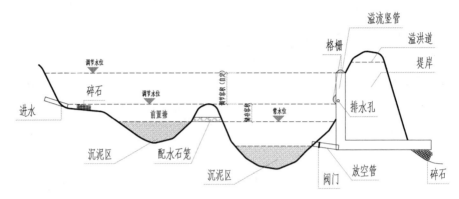

图 2-21　雨水湿塘示大样图

图 2-22　雨水湿塘实景图

5）雨水湿地。雨水湿地是一种人工建设的、模仿自然湿地功能的系统，用于收集、存储、过滤和净化雨水。这些湿地系统通常由水体、湿地植被、土壤和微生物等组成，通过这些要素的相互作用来处理雨水。

在城市规划和建设中，雨水湿地被广泛应用于雨水管理系统中。它们可以较为有效地减少雨水径流带来的污染，改善水质，促进雨水的自然循环和渗透。同时，作为城市绿地的一部分，雨水湿地也提供了一个重要的生态环境，有利于增加城市的绿化覆盖率，并且可以成为居民休闲娱乐的场所。雨水湿地大样图如图 2-23 所示，雨水湿地实景图如图 2-24 所示。

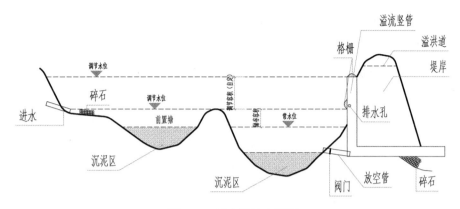

图 2-23　雨水湿地大样图

图 2-24　雨水湿地实景图

（5）雨水花园。雨水花园是一种城市雨水管理系统中常见的绿色基础设施，通过自然植被和土壤的作用来收集、净化和延迟雨水径流。这种设施结合了景观绿化和雨水管理的功能，可以增加城市绿化覆盖率，改善雨水径流对环境的影响。雨水花园的构成通常包括植被区、花坛、石子铺设区等，以及经过设计的特殊地形来容纳雨水。当雨水下降时，雨水花园会收集并存储雨水，并通过植被和土壤的过滤作用，净化雨水中的污染物。同时，它们通过自然渗透和蓄存雨水的方式，有助于减缓雨水径流速度，降低洪涝风险。

在我国城市规划和建设中，雨水花园被广泛应用于城市雨水管理系统中。它们不仅可以有效地减少雨水径流对环境造成的负面影响，还能改善城市的景观和生态环境。因此，雨水花园是促进城市可持续发展、增强城市抗灾能力的重要组成部分。这个内容将在后文中详细介绍。

2. 存贮技术

海绵城市建设中的雨水存贮技术措施主要包括雨水蓄水池、雨水罐等。

（1）雨水蓄水池。雨水蓄水池是一种能够存储雨水，并缓解降雨峰值流量的水池。它分为钢筋混凝土制、石砌和塑料制等，在城市中，多采用地下封闭式蓄水池。这些蓄水池主要用于需要回收利用雨水的建筑和城市绿地等。根据雨水的回用目的（如景观、绿地或其他用途），相应的雨水净化设施也要建立起来。不过，对于无须削减降雨峰值、回收利用雨水以及面临严重径流污染的地区，蓄水池并不适用。雨水蓄水池实景图如图 2-25 所示，PP 塑料模块组合蓄水池实景图如图 2-26 所示。

图 2-25　雨水蓄水池实景图

图 2-26　PP 塑料模块组合蓄水池实景图

（2）雨水罐。雨水罐又称雨水桶，是一种用来收集和储存雨水的设备，常见于屋顶和建筑物附近。这些设备通过管道将雨水从屋顶收集到罐内，然后可以用于灌溉、冲洗等用途。雨水罐实景图如图 2-27 所示。

图 2-27　雨水罐实景图

3. 调节技术

海绵城市建设中的雨水调节技术措施主要包括雨水调节池、雨水调节塘等。雨水调节系统应该包括调节、控制径流和溢流的措施。

（1）雨水调节池。雨水调节池是一种用于储存和控制暴雨径流洪峰流量的建筑物。它在雨水管渠系统中扮演着重要的角色，不仅在经济和技术方面具有重要意义，而且广泛应用[8]。雨水调节池具备两大重要功能，一是蓄洪，二是滞洪。雨水调节池可以有效地减少下游雨水管渠和雨水泵房的设计流量，从而降低整个雨水管渠系统的建设成本。对于正在发展或分期建设的地区来说，设置雨水调节池是解决旧有雨水管渠及泵房排水问题的可行方法。在水资源稀缺的地区，可以利用调节池储存雨水，并在经过适当处理后用于灌溉、养殖或其他用途。关于雨水调节池的建设，可以选择天然洼地或池塘作为蓄水区域，也可以人工挖掘新建调节池。通常采用的设计类型有溢流堰式、底部流槽式和泵吸式。雨水调节池实景图如图 2-28 所示。

图 2-28　雨水调节池实景图

（2）雨水调节塘。雨水调节塘又称为干塘，它主要的功能是减缓洪峰流量的作用。一般来说，干塘由进水口、调节区、出口设备、护坡以及堤坡等组成。除此之外，通过合理的设计方案，还可以使干塘具备渗透作用，从而起到补充地下水和净化雨水的作用。干塘在这些地区的作用不仅限于减缓洪峰流量，还担负着其他重要功能。当汇水面较小时，需要控制降雨峰值流量的出水口管径很小，容易造成堵塞，使流量调节效果无法实现。此外，汇水面积的增大会降低单位面积的设施成本，这也是干塘发挥重要功能的原因之一。为确保调节塘系统正常运行，必须重视沉积物被扰动后重新悬浮的问题，并定期清理沉淀物和污染物。

调节塘渗透功能的实现是与生物净化设施协同使用。一般情况下调节塘被安置在海绵城市雨水系统末端，建议将其设置在场地较低处。通常情况下，调节塘会被布置在排水流向的下游位置，也就是城市雨水系统的出口之前，这样可以最大限度地发挥其对外排放径流峰值流量的调控功能。调节塘的作用非常重要，它帮助平衡并稳定排水系统，确保其有效运行。通过调整水流速度和容量，调节塘实现了将过剩的雨水储存和适度排放的目标，从而避免因暴雨等极端气候事件引发的洪水和水灾。在雨季或降雨较多的区域，调节塘的设置对于更好地保护城市环境和公共安全至关重要。此外，调节塘的设计和建设还要考虑周边环境和未来发展的需要，以确保其长期效益和可持续性。因此，在规划和建设海绵城市雨水系统时，应充分考虑调节塘的合理布局和功能需求。雨水调节塘大样图如图2-29所示。

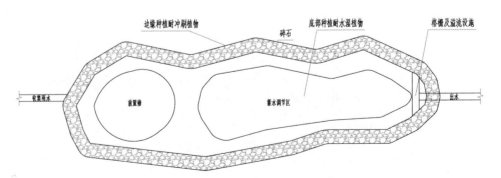

图2-29（一）　雨水调节塘大样图

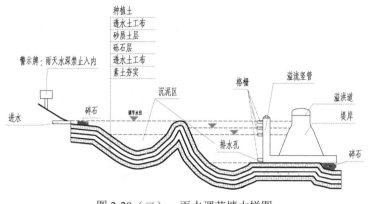

图 2-29（二）　雨水调节塘大样图

4. 传输技术

海绵城市建设中的雨水传输技术措施主要是对雨水的排、蓄，通常由地下管网和雨水控制系统组成。区别于传统的地下管网，海绵传输技术包括植草沟、雨水渗管（渗渠）及自然排水设施、生态河道等。

（1）植草沟。植草沟不仅是一种雨水污水处理手段，还能与海绵建设中的其他结构一起输送雨水，并对雨水进行收集和处理。植草沟是在地表沟渠种植植被，利用土壤、植被和微生物来过滤雨水、减缓径流。植草沟按种植沟可以分为渗透性植草沟和传输型植草沟。植草沟断面形式大多数呈现为三角形、梯形、倒抛物线形。传输型三角形断面植草沟大样图如图 2-30 所示，其中 i 为坡度系数，植草沟结构大样图如图 2-31 所示，植草沟实景图如图 2-32 所示。

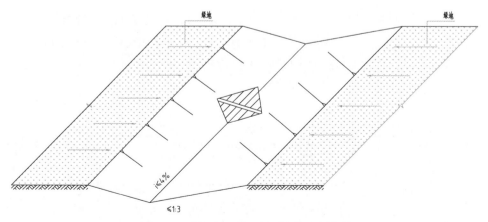

图 2-30　传输型三角形断面植草沟大样图

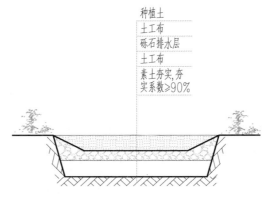

图 2-31　植草沟结构大样图

图 2-32　植草沟实景图

（2）雨水渗管（渗渠）。雨水渗管指的是一种能够渗透雨水的管道或渠道，通常用于雨水花园、雨水湿地和植物缓冲带等生态设施中。它主要适用于建筑和小区、公共绿地等传输量较小的区域。但需要注意的是，在地下水位较高、径流污染严重且容易发生塌陷的地区，雨水渗管并不适用。雨水渗渠结构大样图如图 2-33 所示，雨水渗管（渗渠）实景图如图 2-34 所示。

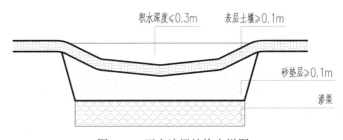

图 2-33　雨水渗渠结构大样图

图 2-34　雨水渗管（渗渠）实景图

（3）自然排水设施。自然排水设施涵盖了地表径流的传输和汇集区域以及排水坡度等要素。当自然排水条件良好时，只需要在主要活动区域的附近增设少量设施，或者适度调整自然集水洼地的规模，以满足防洪排涝和美化景观的需求，这样一来，可以大幅降低工程设施的建造成本。

在海绵城市建设中，常采用生态和景观设计等方法来改造传统的灰色基础设施，这些基础设施原本只具有排水功能。这些方法可以把海绵城市建设理念融入建筑和设计的景观中。

（4）生态河道。生态河道在海绵城市建设中起着重要作用。它不仅能够给人们带来美丽的景观，还能够具备合理的生态系统组织结构和良好的运转功能。而且，这种河道建设具有长期或突发扰动下保持弹性、稳定性以及一定自我恢复能力的优势。根据不同河流的不同特点，有针对性地进行设计，从而制定水土修复、景观设计方案，使各方面都处于和谐、平衡的一种生态建设模式。生态河道实景效果图如图 2-35 所示。

图 2-35　生态河道实景效果图

5. 截污及净化技术

截污的方法最主要是清理，目的是清除土壤、植物以及雨水带来的污染物，还要组织雨水进入市政排水系统及河道中，避免水体污染。净化设施的主要部分一般设置于地下，要注意原材料的筛选，避免二次污染。海绵城市建设中最主要的截污净化设施为植被缓冲带。

植被缓冲带的重要功能在于利用植被的拦截能力和土壤下渗能力，有效地降低地表径流的流速，并起到净化污染物的作用。通过这种方式，植被缓冲带发挥了关键的环保效果。一般而言，植被缓冲带位于坡度较缓的植被区，其坡度范围通常在2%～6%之间，宽度不应小于2m。通过该缓冲带，能够有效地拦截水中悬浮固体颗粒和有机污染物，同时植被也能够最大程度地降低水土流失的风险。与此同时，植被缓冲带还能提供良好的景观效果，并且建设和维护成本相对较低。植被缓冲带大样图如图2-36所示，植被缓冲带实景图如图2-37所示。

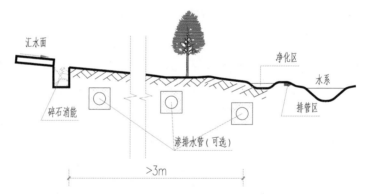

图 2-36 植被缓冲带大样图

图 2-37 植被缓冲带实景图

六、国内外海绵城市研究现状

随着海绵城市的应用和发展，越来越多的学者关注并且开展了海绵城市的研究工作，研究表明海绵城市的应用可以改善不透水地面，减少市政管网的压力，也可以自主控制雨水流动、收集、存储等。海绵城市为雨水的利用提供了经验和依据，是一种可持续发展的技术措施。本书总结了近年来专家学者的研究进展，共归纳总结了 21 篇研究成果，如下。

P Buragohain等[9]（2018 年）：随着海绵城市新概念的引入，其目标之一是最大限度地减少污染并最大限度地利用废物，探索粉煤灰—膨润土混合物作为滞留系统中的覆盖材料至关重要。该研究的主要目的是探索粉煤灰—膨润土混合物的化学、强度、水力性能以及吸附特性。研究结果表明，70%或更低的飞灰含量（飞灰—膨润土混合物）能够满足导液压系数和无侧限抗压强度（Unconfined Compressive Strength，UCS）的标准要求。该研究中考虑的所有混合物均显示出 Pb^{+2} 的最大摄取，对具有一些膨胀土壤含量的混合物的吸附降低非常温和，而对只有飞灰含量的吸附显著降低。

王赛楠等[10]（2019 年）：以沈阳理工大学图书馆为例，基于海绵城市理念进行雨水生态系统设计。这个系统充分利用了图书馆内的雨水资源，通过多种措施提高土地的自然渗透能力。其中包括将凹形绿地和路面改造成透水路面，以便收集和分流道路上的雨水。这样的设计不仅实现了调峰蓄水的功能，保护了地下水层，促进了绿化植被的生长。为了更好地分析城市绿地蓄水量对雨水径流的影响，进行了详细的研究。通过雨水生态利用系统的设计实施，图书馆的雨水利用率达到了惊人的 43.8%。系统也有效减轻了市政排水管网的压力，并且推动了土壤的入渗效果。这种雨水生态利用系统不仅在图书馆项目中取得了显著的成效，也为其他建筑提供了有益的借鉴。

杨雪锋等[11]（2019 年）：随着城市化进程的不断推进，城市生态安全日益凸显其重要性。如何高效利用雨水成为摆在我们面前的重大问题，其他国家在雨洪管理方面的丰富经验值得我们借鉴。该文章总结各国政策以及成功实践经验，以期探索适合本地发展的海绵城市建设规律，共同推动我国海绵城市建设进程。

裴青宝等[12]（2019 年）：该研究选取萍乡市海绵城市建设示范区作为研究对

象，通过构建评价体系以及应用层次分析过程和模糊综合评价方法，对示范区的河流健康状况进行综合评估。评估结果显示，监测点的一级指标中，水功能最好，水环境表现最优，而水资源排名最低。海绵城市建设后，萍乡市的城市河流有 2 个监测点被评为非常健康，6 个监测点保持健康状态，而 3 个监测点则评估结果为不健康。

J Griffiths 等[13]（2020 年）："海绵城市"是用来描述中国政府的城市地表水管理方式的术语。这一概念是在 2014 年为应对中国城市洪水或涝渍的增加而提出的。虽然其目标（降低国家洪水风险、增加供水和改善水质）雄心勃勃和深远，但必须由省级或市级政府实体实施。因此，虽然这一概念类似于英国的可持续排水系统（Sustainable Urban Drainage System，SUDS）或美国的低影响发展，但它呈现出不同的区域特征，并在持续的快速城市化过程中发展。事实上，越来越多的使用国家的最佳实践例子，反映了自海绵城市倡议开始以来，知识的不断增长。在文章中针对宁波市对国家海绵城市指南的解读和制定进行了评估。虽然气候、地质和社会经济因素都可以影响国家指南的实施方式，但项目融资、整合和评估的影响力越来越大。

倪维[14]（2020 年）：市政排水设计在城市基础设施建设中占据重要地位，对于实现基础设施完善和城市现代化标准具有直接影响，因此，应该高度重视市政排水设计，尤其是当前城市排水面临巨大问题和局限性时更加应注重。为了解决这些问题，应以海绵城市建设理念为指导，提高市政排水设计合理性，在雨水渗透和吸收方面有所创新，提升我国市政基础设施建设的水平，满足居民的需求，实现城市的发展进步。

王宁等[15]（2020 年）：海绵城市是一种旨在解决中国城市水问题的创新发展理念和方式。它紧密关联着生态文明和绿色发展的需求，在城市开发建设中具有重要地位。为了有效实施海绵城市理念，首先需要通过国土空间规划体系来加以贯彻执行，并充分发挥规划的引领作用。文章总结厦门海绵城市规划的实践经验，探讨海绵城市规划体系和实施策略要点。通过逐步落实海绵城市理念在发展策略、城市空间布局、管控指标以及统筹协调等方面的要求，成功实现了城市发展理念和方式的转变。

阮成天[16]（2020 年）：海绵城市的理念基于生态学和园林学的知识，考虑到当前社会中城市所面临的多种环境问题，包括城市内涝和水资源浪费等常见难题，通过合理规划以创造更为舒适宜居的环境，引入全新的海绵城市理念，有效提升水资源利用效率。海绵城市的规划和设计致力于构建可以自主调控雨水流动、收集和存储雨水的城市基础设施。在此基础上，进一步利用这些收集到的雨水来满足城市的各种需要，同时降低城市内涝的风险。基于海绵城市的理念，可以为城市打造一个更加环保和可持续发展的未来。为了充分发挥海绵城市设计理念的价值，需要明确海绵城市的概念和特点，并通过具体案例来研究海绵城市建设措施。

杨默远等[17]（2020 年）：海绵城市建设的核心任务是重塑城市的水系统。文章深入研究了海绵城市建设区，明确定义了海绵城市系统的内涵，并总结了输入项和输出项。同时，着重研究了降水和污染物的输入情况，并对典型海绵设施对径流和污染物的转化过程进行了了解。此外，还综合评估了海绵城市建设对生态和地下水回补的效益。目标是为海绵城市建设的基础理论研究和工程实践提供有益的帮助，进一步推动中国城镇化转型发展。这项研究具有重要的实践意义，能够有效保护城市的水资源并改善城市的生态环境。

李玲等[18]（2020 年）：以无锡为例，根据 1987—2017 年的降水数据和世界气象组织推荐的极端气候指数，通过线性回归方法对这 30 年的极端降水事件进行分析。结果显示，无锡市面临着不断升高的洪涝灾害风险。与此相反，西安市的极端降水趋势呈现下降的态势，也就是说，该城市正逐渐减少洪涝灾害的风险。鉴于这种气候变化的趋势，应该在海绵城市的建设中更加重视气候变化，并提升预测和预警能力。为了实现这些目标，建议从规划和设计的层面上加强对气候变化的考虑，努力寻找增加城市抗洪能力的措施，以提高无锡市及其他地区的抗洪能力和应对极端降水灾害的策略。

寿银海[19]（2022 年）：我国经济的快速发展和进步推动了城市化进程，但与此同时城市和生态之间的矛盾也日益严重。城市排水功能的退化和内涝问题的增加导致了生态系统的根本变化。面对这个不断加剧的问题，空间综合治理的概念被提出，成为城市战略发展中的重要研究领域。这一概念包含了国土资源的利用、调查、规划和整治等各个方面的因素，而且以生态系统建设为基本思路。文章重点讨论空间综合治理背景下海绵城市格局规划的思路、进展以及实践方法，并提供一些建议，以提升城市格局的合理性，促进社会可持续发展。

TT Nguyen 等[20]（2020 年）：在解决城市供水问题方面出现了新的概念——海绵城市，然而，海绵城市的实施遇到了各种挑战。其中一项最具挑战性的因素是缺乏一个综合的模型来辅助规划、实施和评估海绵城市的全生命周期。文章简要分析现有城市水资源管理模式，并讨论近期研究在应用综合模式时所面临的局限性。此外，还整合了城市模型、生命周期评估（Life Cycle Architecture，LCA）模型、W045–BEST 和大脑中动脉（Middle Cerebral Artery，MCA）四个子模型，提出新的海绵城市模型框架，从而模拟海绵城市基础设施在环境、社会和经济方面的影响。因此，提出的模型可以用于评估不同海绵城市实践的优化效果。这个模型不仅关注海绵城市的雨水排水能力，还考虑了城市供水系统的多标准分析，这些都是未来海绵城市设计和建设模型发展的重要方向。

L Liu 等[21]（2020 年）：针对目前海绵城市的建设实践，有效的雨水系统规划和雨水控制利用设施设计是充分发挥海绵城市功能的关键。以某城市海绵城市建设为例，阐述了海绵城市雨水系统的规划体系、总体目标和规划策略，重点探讨雨水控制利用设施的设计以进行海绵城市建设。对于近期建成和在建项目以及海绵建筑的需求，起到了示范借鉴作用。

LI Haichao 等[22]（2020 年）：为了防止城市地区发生洪水，中国政府启动了"海绵城市"计划，该计划类似于 LID 方法。然而，中国海绵城市的防洪能力和成本效率尚未得到很好的研究，尤其是有一定规模的城市区域。成本效益是地方政府实施海绵城市的重要考虑因素。本研究的目的是在使用雨水管理模型（Storm Water Management Model，SWMM）进行降雨径流模拟的基础上，量化海绵城市建设在城市防洪中的效用。还评估了 LID 在海绵城市建设中的成本效益。绵阳市位于中国西南部，是本研究目标区域。结果表明，四种类型的 LID［绿色屋顶（Green Roofs，GRs）、透水路面（Permeable Pavement，PP）、雨水花园（rainwater garden，RG）和雨水桶（rainwater barrel，RB）］有效地降低了年 9 次洪水事件的洪峰流量（23.0%～30.4%）和总洪量（24.9%～29.2%）

AZ Jiang 等[23]（2021 年）：几十年来，由于特大城市的快速建设，防洪难度增加，气候变化使城市洪水问题更加严重，这在中国是一个重大问题。海绵城市（Sponge City，SC）方案虽然能有效维持地表水平衡，但洪水问题仍在继续。为此，文章引入了"一水"概念，以展示需要应对超出 SC 范围的维度，并有望减轻大型风暴的影响（例如，将 100 年一遇的洪水抑制为 25 年一遇）。然而，气候变化导致风暴更加强烈，这预示着未来 70 年，每年 100 年一遇的风暴强度将增加约 0.23%。因此，即使有足够的 SC 选项，最多也只能将 100 年一遇的风暴有效地减少到 50 年一遇。"一水"被用作一个概念，展示如何以结构化的思维方式利用水文循环的每个维度来考虑其关联程度，以改进对水文循环和 SC 选项各组成部分的评估。利用示例展示了"一水"概念如何将水文循环的各个组成部分联系在一起，形成对城市水资源安全的整体视图。

N Kumar 等[24]（2021 年）：印度和中国都在经历快速的城市化，也同时遭受了与洪水有关的巨大损失。研究旨在追踪 2014—2020 年间这两个国家的主要城市洪水案例，并探讨其现有的防洪政策，特别关注中国的海绵城市计划（Sponge City Plan，SCP）。结果表明，鉴于这两个国家广泛的地理多样性，它们在本地化低影响发展规划方面都面临着类似的挑战。还建议加强政府和机构间的协调，让公共和私营企业参与新的融资渠道，为当地产品和服务的来源提供便利，以促进当地经济，提高在职专业人员的实践和技术，并提高社区的接受度和参与度。得出的结论是，印度应该像中国的海绵城市计划一样，努力关注整体城市水资源恢复能力，中国应该借鉴印度的合同和招标私人服务采购方法以应对财政挫折，实现宏伟目标。

A Hamidi 等[25]（2021 年）："海绵城市"正在通过增加渗透、滞留、储存、处理和排水来管理雨水。通过实施这一理念，减少城市发展对与水有关的问题和自然生态系统的影响。这项科学计量学研究分析了科睿唯安（Clarivate Analytics）中索引的关于"海绵城市"的全球文章，共分析了 199 篇文章，对海绵城市的研究进行了可视化。中国作为问题的稳定器，具有最高的介数中心性（1.37）。对关键词共现和 Clarivate Analytics 类别的分析表明，该领域的趋势正在逐渐转向管理和实践阶段。基于共引和书目耦合，主要作者和资源尚未得到认可。应该做更多的研究来形成书目实体的主要路径。一般来说，这种科学计量分析可能有助于从业者、决策者、资助者的编辑和研究。

S Kster[26]（2021 年）：海绵城市的发展带来了补充供水服务的新途径。针对先进和适应性雨水储存和处理系统，建议实施灵活的服务，以提供受控和特定用途的水质。对于高资本投资和运营维护成本的回报选项，需要考虑多种因素。尽管当前海绵城市的防洪工作效果良好，但基于海绵城市的雨水收集仍面临着挑战。除了雨水管理外，雨水收集的污染也是城市增水的主要限制之一。因此，本次交流的目的是概述如何克服这一限制，以及在技术和经济方面扩大海绵城市的供水服务组合。并且基于海绵城市的雨水收集的创新工程解决方案是保障海绵城市供水基础设施适应性和灵活性的关键。这些解决方案可以保障城市多样化的用水和生活质量服务。

YAO Q Z[27]（2022 年）：围绕城市开发建设项目，引入"海绵城市"的核心概念。在规划、设计和施工期间，应统筹考虑各方面，综合考虑屋顶雨水和地面雨水的水资源利用率，有效减少雨水径流、城市雨水排水系统、城市防洪压力和内涝风险。将"海绵城市"的概念应用于建筑给排水设计中。结合城市防洪、排水系统的改善，实现了建设经济环保城市的目标，拉近了群众与自然的距离，确保城市稳定发展的趋势。在这方面，文章以"海绵城市"的概念为例，阐述了其在建筑给排水设计中的应用要点，希望能提供一些参考。

H Fowdar等[28]（2022 年）：2012 年，中国推出了海绵城市议程，以应对日益城市化和人口增长导致的城市洪水和水污染。这项倡议需要新的基于自然的技术来适应中国的情况。生物过滤或生物滞留系统已被证明是缓解雨水污染的有前景的技术。植物选择是系统设计的关键组成部分。然而，迄今为止，植物选择研究有限，主要集中在澳大利亚本土物种上，这些物种在数量有限的湿润和干燥模式下受到监测。为了解决这一差距，进行了一项大规模的实验室研究，以测试中国江苏省原产或常见的 22 种植物在不同流入频率（对应于前 3、15 和 22 个干旱日）下 15 个月的水力和处理性能。系统渗透能力变化很大（高达 8 倍），氮去除率变化很大（最高可达 5 倍）。关于重金属，观察到与植物相关的镉、镍和锌去除贡献大（总去除率高达 90%）。总的来说，这项研究表明，虽然植物并非普遍有效，但在中国和其他地方，一系列植物物种，包括开花草本植物、芦苇、灌木、草、莎草、攀缘植物和树木，可以用于有效的雨水处理。指出植物形态和生理特征是更重要的参数，并建议未来的工作研究植物蒸散、水分动力学（包括前期干燥）、根系特征和污染物去除之间的关系，以促进植物在雨水处理中的可持续利用。

杨磊[29]（2022 年）：海绵城市理念的运用在预防城市水土流失问题和控制城

市水污染方面具有重要意义。将海绵城市理念应用于城市水土保持，可以有效避免周边区域出现内涝现象，同样也符合节约用水的可持续发展理念，对社会的健康发展起到积极作用。海绵城市的目标是降低对城市环境的影响，同时合理利用水资源，特别是对雨水进行合理处理以达到节约的目的。

第二节　雨水花园理念

一、雨水花园概念

雨水花园有狭义和广义之分。

1. 狭义的雨水花园

狭义的雨水花园是指一种专门用于收集和处理道路、屋顶等硬质表面径流雨水的绿色基础设施。这种花园结合了景观绿化和雨水管理的功能，通过植被和土壤的作用，减少了雨水径流，并降低了洪涝风险。狭义的雨水花园通常设计成处理特定区域的雨水，如社区、街道或者停车场的雨水[30]。

2. 广义的雨水花园

2003 年 8 月，在国际雨水利用协会（International Rainwater Catchment System Association，IRCSA）会议上，对雨水花园的概念和意义进行了重新总结。更广义的雨水花园定义：任何在景观绿地系统中利用科学技术或自然方式收集、利用和处理雨水，并且同时具备出色景观品质的区域都可以被归类为雨水花园。

3. 雨水花园概念总结

传统雨水花园仅仅是生物滞留设施中的一种，而随着雨水花园的普及和发展，含义超出传统概念。本书主要研究雨水花园在小城镇建设中的规划设计及工程技术手段的应用，因此定义雨水花园的概念是具有雨水收集、雨水渗透、雨水传输、雨水净化、控制径流等功能，在非雨季可以作为景观、休闲、娱乐设施，在雨季则收集、净化雨水，使之可循环利用，是景观与雨水利用相结合的设施。

雨水花园是一种生态可持续发展的雨洪控制及利用设施，与城市规划、建筑、景观相结合的措施，能很大程度上改善水循环和水生态。雨水花园在海绵城市建设中是最基本单元，而且雨水花园具有面积小、灵活分散的特点，在城市建设中可以根据地形进行多种选择和组合，更适应小城镇的建设。

二、世界各国雨水花园的发展

1. 美国雨水花园理念的发展

（1）雨水最佳管理理论（Best Management Practices，BMP）。这一理论是 20 世纪由美国提出的，探讨了流域水文、土壤侵蚀、生态系统和养分循环等自然过程中产生有利于环境的措施，同时也致力于保护流域水环境免受污染的可行方法。美国政府推出 BMP 措施，它能够在城市受到强度大的雨水冲击时确保城市得到合理的保护。这种措施具有生态性、效率性和经济型等优势。在 BMP 雨水最佳管理措施的实施过程中，"乔治王子郡"住宅区作为马里兰州的一个典范，采取了工程和非工程两种措施。该住宅区的街区内运用了全面的雨洪管理系统，在建设阶段每户都建有雨水花园，将其作为生态雨洪建设的一部分。实践证明，与传统的灰色基础设施相比，雨水花园具有更强的雨水滞蓄和下渗能力。这一事实让美国对雨水管理和利用产生了新的思考，也进一步提升了对绿色基础设计的重视程度。为了推广雨水花园的普及，美国制定了相关政策来促进建设和规范操作。其中，雨水管理政策主要包括雨水排放许可和排放收费机制两个方面。

（2）低影响开发理论。这是 20 世纪 90 年代在美国实施的，指在开发过程中，尽可能维持开发前的水文特征，通常会从源头等环节，采取分散式措施进行维持，这种措施成本较低。在实践中，波特兰"雨水花园"是美国一个典型的例子，波特兰雨水花园如图 2-38 所示。它在雨水资源管理利用方面考虑得非常全面，主要通过采用多种绿色基础设施来净化、消解和利用雨水。除此之外，该花园还借助植物、跌水、置石等景观手法与绿色基础设施相结合，从而实现了景观与生态的有机融合。本书将在后文中详细介绍该理论。

（3）绿色基础设施（Green Infrastrcture，GI）理论。绿色基础设施是一个紧密相连的生态网络，由各种不同的开敞空间和自然区域构成，1999 年由美国保护基金会和农业部森林管理局提出。这个网络包括了绿地、湿地、雨水花园、森林、乡村植被等多样的元素，它们共同形成一个有机统一的整体。这个系统的存在可以有效管理暴雨、减少洪水造成的危害，同时改善城市水质，还能够降低城市管理成本的支出。

图 2-38 波特兰雨水花园

2. 德国雨水花园理念的发展

为了推动雨水处理系统的发展，德国制定了一系列政策来推行雨水系统的建设。初期的研究主要集中在促进简易雨水花园的普及，为后续雨水花园的建设奠定了实践基础。在整个过程中，为了帮助家庭高效地建设自己的雨水花园，政府明确了符合标准要求的雨水收集处理装配式设备和产品。

德国在雨水花园领域的研究是经过深入探索的，其技术研究一直处于前沿地位。除了特殊情况外，雨水不能直接排放到公共管网中，德国制定《雨水利用设施标准》。雨水花园在德国的研究不仅会涉及雨水排放问题，还会将整个循环系统纳入考虑。除了研究雨水的净化、滞留和下渗等方面，还着重研究如何最有效地布置水利设施、土壤和植物等生态要素来收集和利用雨水资源，以生态手段协调雨洪问题。随着典型绿地形式的出现，德国不断改进并总结出各种不同模式的雨水花园建设方法。德国波茨坦市政广场是较为完善的雨水花园，从雨水的管控利用和景观的处理两个方面进行设计，波茨坦市政广场不仅雨水花园管理效果优秀，而且在景观上给予人较高的艺术视觉享受。本项目考虑到不同下垫面的径流特性，针对建筑屋面、办公区半围合的庭院空间和大草坪等区域进行了全面的雨水花园设计。波茨坦广场雨水花园如图 2-39 所示。

3. 澳大利亚雨水花园理念的发展

20 世纪 90 年代，澳大利亚提出城市水敏感设计（Water Sensitive Urban Design，WSUD）理论。该理论相对传统的城市设计，是通过整合城市基础设施和贯彻水敏感理念将城市的宜居性提高到一个新的高度，并通过综合的水资源管理达到城市级别的水平衡，确保城市应对气候变化的韧性，满足现代城市日益增长的水资源需求[31]。该设计运用透水铺装、蓄水池、下凹绿地帮助雨水下渗和贮存；通过设置植物缓冲带、雨水花园、过滤装置、生态湿地等提高水质的净化。

图 2-39　波茨坦广场雨水花园

澳大利亚人口密度小，同时具有丰富的水资源，这使该国家没有明显的水资源问题。然而随着城市的飞速发展，不同的发展强度使地下水过度开发，污水处理不佳产生了污染，因此引发了生态问题。针对这些问题提出的城市水敏感设计，是有一套较为完善的设计理念，有相对成熟的雨洪管理体系，保留了雨水循环最重要的过程，将继续管理、持续运用各个方面对水循环的作用。WSUD 体系的基本原则在于源头控制，确保污染不会交叉传播。该系统通过增加地表下透水性而减少不透水区域，从而显著改善雨洪情况。同时，生物之间的相互促进作用还能提高水体的自净能力；将景观艺术融入雨洪管理体系中，增加美感，提高艺术效果。城市水敏感设计如图 2-40 所示。

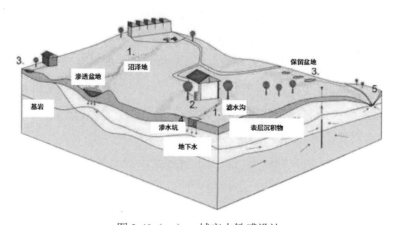

图 2-40（一）　城市水敏感设计

图 2-40（二） 城市水敏感设计

4. 英国雨水花园理念的发展

2007 年英国政府推出可持续排水系统。SUDS 是一种创新的排水系统，旨在降低城市内涝的风险，并提高雨水与地表水的利用率，减少河流污染。SUDS 采用了一系列可持续的技术，用于对地表水和地下水进行管理和处理。这种理论的引入具有重要意义，它能够改善城市排水系统的效率，使城市能够更好地应对极端天气事件带来的挑战。由径流控制、地块源头控制及区域控制组成，这样可以提高城市对水系统的控制，从源头上控制污染，加大雨水的下渗，减少城市内涝的可能。政府在解决环境问题上采取了一系列措施，为了节约水资源并减少排污，在庭院中建立雨水收集设施，将收集的雨水用于植物的灌溉和厕所的冲洗；改变道路的铺装方式，使用了透水混凝土、碎石或者渗水沥青，这些替代了传统的下水道和排水管；路边开挖沟渠，填砾石，改变暴雨的流速和流量；工业用地上利用植草沟净化降雨，有效减少工业污水进入河道；在空地挖掘池塘，既可以在暴雨天气存贮雨水又可以在平时美化环境。可持续排水系统如图 2-41 所示。

5. 日本雨水花园理念的发展

20 世纪 80 年代，日本开展了关于雨水收集和雨水渗漏方面的研究。日本国土面积较小，自然资源匮乏，对自然资源的高效应用是这个国家研究的重点。日本降雨丰富，所以对雨水进行收集和处理并加以利用可以减缓水资源短缺的问题。日本政府颁布了将渗水沟、渗水塘、透水路面纳入规划的理论，日本经典的造园手法也大量运用。

图 2-41　可持续排水系统

日本典型的枯山水庭院景观其实就是雨水花园的表现形式，在地面上敷设砂砾石提高了渗透率，对雨水产生了存贮功能，同时庭院中的景观与绿色基础设施相互配合。位于日本千叶县的长津川，是一处典范的雨水花园管理场地。这里拥有丰富多样的设施，其中包括生态景观调节池和按需进行设计的集散广场，保留了原有植物和原生态地形，种植本地植物达到净化水质的目的，并且在不同降雨情况下都可以利用调节池进行调蓄；集散广场是一个多功能的场地，在暴雨时期，广场不仅可以减少地表径流，还能补充地下水源。丰水时期可以用作防洪、泄洪，枯水时期可以当作亲水广场，供游客休闲娱乐。

6. 其他国家雨水花园理念的发展

（1）新西兰：2003 年新西兰提出一种新型城市设计理念，是低影响开发基础上结合水敏感城市设计（LID+WSUD，简称 LIUDD）。这种理念更倾向于强调本地植物群落在城市低影响设计中的应用，能在更大程度上实现雨水、给水污水等的循环。

（2）韩国：2013 年发布的《建设健康的水循环城市综合发展规划》是为了实现 2050 年的目标，即将大气降水地表排放比例降低 21.9%、地下基底排放增长 2.2 倍并将年平均降水量的 40% 用于地下水储存。该计划的核心是充分利用土壤的海绵性质，提高其吸水和储水能力。为了达到这个目标，首尔市提出了一系列解决方案。政府机关承担了积极的领导角色，同时，市政建设时在沥青和花岗岩铺设的道路两侧修建了绿化带，改善地表的透水情况，以促进雨水的自然渗入。

首尔市采取一系列措施，以加强对雨水的自然过滤和透水功能，有效减少表径流，并促进雨水快速渗透至地下水层，从而实现对水资源的可持续利用。这些措施于 2013 年下半年开始实施，并通过积极的媒体宣传来提高市民对雨水利用价值的认识，进一步引导市民培养水循环意识，并提高雨水在城市农业和景观中的使用率。通过这些措施，能够更好地保护自然水循环，实现可持续的城市发展。国外雨水花园研究成果如表 2-3 所示。

表 2-3 国外雨水花园研究成果

国家	时间	研究成果
美国	二十世纪七八十年代	雨水最佳管理理论
	二十世纪九十年代	低影响开发理论
	二十世纪九十年代	绿色基础设施
德国	二十世纪九十年代	雨水利用设施标准
澳大利亚	二十世纪九十年代	城市水敏感设计
日本	二十世纪九十年代	雨水下渗策略
英国	2007 年	可持续排水系统
新西兰	2003 年	低影响开发+城市水敏感设计
韩国	2013 年	水循环的实地监测体系、水循环技术和改造模型的研究

三、雨水花园的分类

雨水花园的分类形式多种多样，可以从不同的形式、角度进行分类，本书从雨水花园的空间形态、雨水花园对雨水资源的影响、雨水花园的渗透方式、雨水花园结构形式进行如下分类。

1. 按雨水花园的空间形态分类

雨水花园是海绵城市建设的重要组成元素，是绿色基础设施建设的重要部分，具有雨洪调蓄和城市绿地功能的双重作用，是系统化、整体化的雨水收集和利用设施。按照在城市空间中的形态，雨水花园可以分布于建筑物与小区周边、城市街道及城市公园。这些雨水花园基本呈点、线、面的空间形式设计构建城市绿地[32]，这种构建方式有助于城市绿色基础设施的完善。根据雨水花园构建采用的几何形态不同，可以采用矩形、圆形、椭圆形、多边形等形态，结合植物、景观进行组合。

（1）建筑物与小区周边雨水花园。建筑周边对地形、空间没有严格要求，设置相对灵活，在吸收建筑物屋顶及地面雨水的同时，可以为建筑物与小区提供优美的环境，还能将雨水引到雨水花园中进行净化、存贮、利用。在设计中可以设计水体景观，也可以不设计，但是都要注意雨水花园中雨水渗透对建筑物安全的影响。这种设计通常是"点"的设计，雨水花园面积都较小，为了有效管理雨水，通常采用集中处理的方法。这种方法通过管道和渠道将收集的雨水引入雨水花园。在雨水花园中，主要选择一些本土易种植、耐湿耐旱的植物。这样可以更好地适应不同季节的水分条件。建筑中庭雨水花园实景图如图 2-42 所示。

图 2-42　建筑中庭雨水花园实景图

（2）城市街道雨水花园。街道是城市建设的重要基础设施，随着城市的发展，道路不透水的原因，街道雨洪问题越来越严重，所以通常可以沿着街道条形地带建造狭长的雨水花园，这种设计通常就是"线"的设计。城市街道雨水花园可以利用道路绿地收集道路周边及不透水面积的地表径流，利用街道雨水花园收集、净化、循环利用雨水资源。"绿色街道"，也被称为城市街道雨水花园，最早可追溯到 1969 年 McHarg 的景观生态规划思想。2002 年，在美国规划师协会颁布的《绿色街道手册》中，将其定义为城市绿色基础设施的一部分。它通过植物种植，实现了雨水管理与大范围水流域调控[33]。城市街道雨水花园能够滞留雨水，延长径流流动时间，实现有效的路面雨水下渗，雨水花园可以通过街道原有的坡度、雨水收集口、雨水检查井等引导雨水流入街道条状雨水花园中，结合地形、构筑物等，人工打造一个街道雨水景观，提升街道形象，改善城市道路生态、水体环境。城市街道雨水花园实景图如图 2-43 所示。

图 2-43　城市街道雨水花园实景图

（3）城市公园雨水花园。城市公园雨水花园通常是指面积大，占地在 2000m² 以上，具备雨水收集、调蓄功能的绿地，功能远远大于公园，是一种"面"状的设计。城市公园雨水花园在景观设计中得到运用，看起来像公园，但是具有的功能更多，所以又叫作雨水公园[34]。雨水公园通常通过蓄、净、渗、滞、娱进行雨水的处理和利用，是海绵城市功能的重要体现，在改善城市生态条件，调节城市雨洪，控制城市水质等方面都发挥重要的作用。

位于中国哈尔滨市的黑龙江群力雨水公园被誉为我国首个真正意义上的"雨水公园"。在周边道路建设和高密度的城市发展下，湿地面临枯竭的挑战，湿地退化和消失的危险也随之而来。设计师将这片占地 34 万 m² 的城市绿地，转变为雨洪公园。这一创意不仅有效应对了新区雨洪问题，还能保护城市免受内涝的威胁。实践证明，这些建成的公园不仅在防止城市涝灾方面发挥了重要作用，还给新区城市居民提供了一个优美的休闲场所和多样化的自然体验。黑龙江群力雨水公园实景图如图 2-44 所示。

（4）几何形状雨水花园。雨水花园可以采用矩形、圆形、椭圆形、多边形等几何形态，搭配品质多样的植物，和水景观形成具有既具有雨水收集、净化利用作用又具有观赏性的花园。几何形态雨水花园实景图如图 2-45 所示。

图 2-44　黑龙江群力雨水公园实景图

图 2-45　几何形态雨水花园实景图

2. 按雨水花园对水资源的影响分类

从雨水花园对水源产生的影响和利用进行划分，雨水花园有两种形式：一种是以收集雨水为目的、控制雨水径流污染为主的雨水花园；另一种是以雨水渗透为目的、控制雨水径流量为主的雨水花园。

（1）雨水收集型（控制雨水径流污染）。此类雨水花园是狭义的雨水花园，类似生物滞留设施，主要是降低雨水径流污染，加强雨水净化功能，避免土壤和植物受污水的侵蚀。在控制雨水径流污染的雨水花园设计中，雨水径流的污染处理是最重要的。

雨水花园被广泛应用于城市道路、停车场等周边，尤其是那些硬质化铺装较多、不透水面积较大的区域。其主要作用在于通过缓存、过滤、吸附等方式来控制雨水径流的污染，从而有效净化雨水的品质。这一措施对于改善城市环境、减少水体污染具有重要意义。

（2）雨水渗透型（控制雨水径流量）。此类雨水花园通过缓解地表雨水径流压力，通过植物、土壤的吸收、净化功能，实现雨水净化并补充地下水。

控制雨水径流量型雨水花园一般适用于环境好的区域，如建筑绿地、小中庭、校园等雨水径流污染较小的场所，收集雨水减少地表径流、补充地下水的同时起到美化环境的作用。这种雨水花园结构较为简单，造价较低并且方便后续的管理和维护。

3. 按雨水花园的渗透方式分类

从雨水花园中雨水渗透快慢速度的情况，将雨水花园划分为渗透式雨水花园、存贮式雨水花园、半渗透半存贮式雨水花园。

（1）渗透式雨水花园。这类雨水花园的主要作用是通过滞留和渗透雨水来控制雨水径流量。渗透式雨水花园对土壤有一定渗透要求，土壤的渗透率较高。

渗透型雨水花园通常选址于雨水径流污染较为轻微、水资源较为充足的地方，以避免对地下水造成污染。假若选择了渗透性较差的场地用于建设渗透型雨水花园，则需要进行土壤改良措施。

（2）存贮式雨水花园。这类雨水花园的主要作用是收集存贮雨水，通过对场地周边的雨水进行收集，通过雨水花园中的植物或者净化设备进行过滤、净化、再利用。存贮式雨水花园在设计时应缩短雨水渗透时间，在较短时间内将雨水收集到雨水花园中进行过滤净化，并考虑过滤净化后的水质是否达到水质相关标准的要求。

存贮式雨水花园一般选址于雨水径流污染程度较高的区域或干旱少雨地区，旨在充分利用和净化雨水，以改善水资源分布不平衡的困境。

（3）半渗透半存贮式雨水花园。这类雨水花园的主要作用兼顾了渗透和存贮，可以将景观设计有机结合，将雨水利用为灌溉水、景观水、清洁水等。在进行设计时考虑土壤渗透性，在渗透性较高的区域进行收集净化，在渗透性较差的区域存贮部分进行二次过滤、净化，使水质更有保证，提高了雨水利用率。

半渗透半存贮式雨水花园设计应用更为广泛，根据雨水花园所在位置对土壤渗透性、地下水位、评估径流污染情况，以及雨水管网的排放等方面进行综合考虑后加以利用。

4. 按雨水花园的结构形式分类

按结构形式可以把雨水花园分为简易型雨水花园和复杂型雨水花园。

（1）简易型雨水花园。这类雨水花园要求土壤的渗透能力良好，适用污染较轻的场所，例如建筑与小区、广场等。简易型雨水花园大样图如图 2-46 所示。

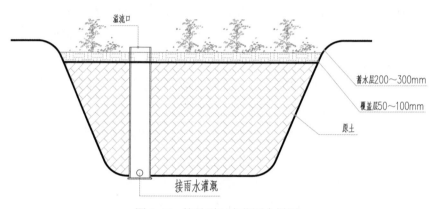

图 2-46　简易型雨水花园大样图

（2）复杂型雨水花园。这类雨水花园在土壤渗透性较差，污染较为污染较重的场所，进行雨水的收集。一般用于工业区、商业区及城市街道。通常由蓄水层、覆盖层、换土层、砂层、穿管排水孔、砾石层组成。复杂型雨水花园结构大样图如图 2-47 所示。

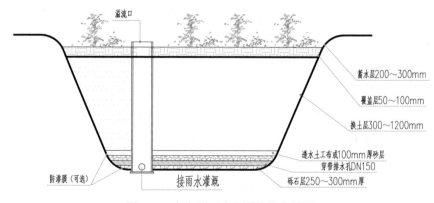

图 2-47　复杂型雨水花园结构大样图

四、雨水花园的构成

雨水花园的内部构造设计要考虑渗透性、净化能力、滞留效果、排水能力、蓄水能力等，并且还要考虑外部构造与地形、植物、广场道路、园林景观等相协调，外部构造通常设置附属设施，包括进水设施、排水设施。有学者基于理论研究建立了设计模型，不同国家和地区也有相关规范进行指导设计，考虑当地气候水文等诸多因素，具有地区适应性。

我国雨水花园常用内部构造（主体构造）自下而上由六个部分组成，常用雨水花园大样图如图 2-48 所示。

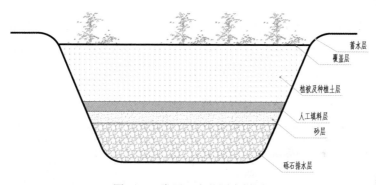

图 2-48　常用雨水花园大样图

（1）砾石排水层。砾石层要求具有极好的渗透性，该层主要选用小粒径的砾石，一般选用小粒径的碎石，直径不超过 50mm，铺设厚度控制在 200～300mm 之间。在该层底部设置排水管（包括穿孔管和溢流管），穿孔管可被放置于砾石层中，在经过上层过滤的雨水会通过穿孔管，被引导到其他排水系统中进行收集，或者直接释放到自然水体中，以满足雨水净化的需要。而溢流管的作用则是将溢流口设置在雨水花园的顶部，这样收集到的雨水便会通过溢流管迅速排入附近的其他排水系统中。这种设置既能有效收集并处理雨水，也能保证排放的方便和高效。

（2）砂层。砂层铺设在砾石层和人工填料层中间，厚度为 150mm，砂层上下两边都需要用土工布进行隔离，这样在保证雨水花园效果的同时实现通风透气，防止雨水中的污染物堵塞穿孔管。

（3）人工填料层。人工填料层选用有利于渗透的材料，通常选用人工或者天

然的填料，例如陶粒、煤渣、砂石等。材料类型应根据雨水花园的主要作用功能
选择，所选材料的厚度应根据材料的特性选择，一般为 50～120mm。

（4）植被及种植土层。植被及种植土层通常要求渗透率较高的种植土，一般
选用 60%～85%成分为砂子、5%～10%成分为有机物及成分小于 5%的粘土构成
的砂质土壤。根据植被的不同，种植土的厚度也不同，草本植物、灌木、乔木的
种植土厚度分别为 250mm、500～800mm、1000mm。

（5）覆盖层（树皮层）。覆盖层通常指树皮覆盖层，采用树皮、树根、树叶、
木屑、细砂等材料组成。覆盖层在保持土壤湿润的同时可减少雨水对表面土壤的
侵蚀，在干旱季节维持植物的生长，同时防止植物被雨水冲刷，有助于雨水花园
的净化能力。一般覆盖层为 50～80mm。

（6）蓄水层。蓄水层在雨水花园最上一层，通常采用鹅卵石进行铺设。该层
能暂时滞留、存贮雨水，发挥雨洪调节作用。蓄水层的厚度根据地形和当地降雨
特征等情况进行设置，一般 100～250mm 就能发挥蓄水作用。

雨水花园主体构造说明如表 2-4 所示。

表 2-4　雨水花园主体构造说明（结构层自下而上）

名称	厚度	作用、功能
砾石排水层	穿孔管：ϕ100mm 的 PVC 管（聚氯乙烯塑料管）；渗透管：ϕ100mm 的 PP 管（聚丙烯管）200～300mm，砾石直径小于 50mm	穿孔管：设置在砂层中，收集上层雨水排放渗流管：渗流口设置在顶部，收集雨水花园超量雨水进行排放该层主要选用小粒径的碎石，通过在该层底部设置排水管，完成下渗雨水的排出
砂层	150mm	防止土壤颗粒堵塞穿孔管，通风透气
人工填料层	60～120mm	该层主要选用渗透能力良好的人工及天然材料，如炉渣、砾石，具有控制污染载荷与地表径流功能
植被及种植土层	草本植物：250mm 灌木：500～800mm 乔木：1000mm	该层主要选用有机质土壤，优化植物生产环境，为其提供所需营养物质，保障植物正常生长
覆盖层（树皮层）	树皮：50～80mm	该层主要选用树皮或砾石，培养微生物，弱化地表径流对土壤及填料的侵蚀作用
蓄水层	100～250mm	该层主要功能是储存地表水，沉淀污染物

注：ϕ 为直径。

美国雨水花园内部构造通常由四部分组成：积水处理区、植物及换土层、人工填料层、过滤介质。积水处理区相当于我国雨水花园中的蓄水层和覆盖层，过滤介质相当于砾石层和砂层。在美国雨水花园外部构造也会增加附属设施进行雨水处理，如预处理设施、进水设施、溢流、暗渠等。

五、雨水花园的功能

在海绵城市建设理念中，雨水花园的建设目标是改善城市生态环境，提供可持续发展的解决方案。雨水花园最大的作用是雨水管理，收集雨水、存贮雨水、利用雨水，发挥雨水最大的作用。雨水花园是一种利用周边场地的雨水径流进行处理的独特环境设计。它通过土壤、植物景观和微生物群组成的生态系统以及相关设施，实现多种功能。以下是该花园通常具备的特点和作用。

（1）雨水收集、调节雨洪。充分利用径流雨量，涵养地下水，收集利用处理后的雨水，缓解水资源短缺。雨水花园能在强降雨天气调节地表径流，控制径流和径流峰值，减小排水管网泄洪压力，避免出现积水和内涝现象。场地中的雨水通过雨水花园改造后，雨水径流可以直接在雨水花园存贮和间接下渗，存贮的雨水形成可观赏的水景观，也可以为水的利用提供存贮空间。经过滞留的雨水可以用于绿化灌溉、打扫、消防或者景观用水。

（2）雨水净化、水质改善。雨水花园利用层级构造来处理收集的雨水，通过沉淀、过滤和微生物群的作用，实现了对雨水的净化。在这个过程中，过多的有机物和重金属离子污染物被有效降解，从而减少了径流污染，提高了径流的水质。

（3）美化环境、缓解热岛效应。雨水花园通过合理的植物配置、水景观设置，为人们提供具有舒适性、艺术性的活动场所，给予视觉的享受。雨水花园中，植物通过光合和蒸腾作用，吸收二氧化碳释放氧气，改善微气候，具有缓解热岛效应的作用。

（4）促进生态平衡。雨水花园会形成一个雨水花园的小型生态系统，从而改善区域的生态环境，形成具有环境承载能力和自我修复能力的生态圈，保护生态系统多样性，承担了城市生态功能，维持了城市社会的正常运转，是绿色基础设施的体现，符合绿色建设的目标，促进生态的可持续发展。

六、国内外雨水花园研究现状

雨水花园是海绵城市工程技术手段中的一类。雨水花园具有规模小、变化多、建设成本较低、维护简单等方面的优势，经常用于住宅、商业区或者公园的设计中。目前，众多学者都对雨水花园进行研究和总结，使雨水花园的应用得到进一步提升，在海绵城市建设中越来越多使用。本书总结了近年来专家学者的研究成果，共计 12 篇，如下。

ED Riley等[35]（2018 年）：32 种雨水花园工程滤床基质（Engineering Filter Bed Substrate，EFBS）由两种基质基质（砂子和板岩）、两种有机物改良剂［堆肥庭院垃圾（Compost Yard Waste，CYW）和松树皮（Pine Bark，PB）］、两种组合方法（捆扎和掺入），和四种组合量[2.5cm/5%、5.1cm/10%、7.6cm/15%和 10.2cm/20%（按体积计）]，使用三种植物（河桦、香脂、柳枝草）进行评估。测定了颗粒尺寸分布、饱和导水率（Ksat）、出水量、蒸散量、EFBS 成分和植物生长对雨水花园内水分运动的影响。与板岩 EFBS 相比，无论成分如何，沙子 EFBS 在数值上都保持较低的 Ksat。使用 CYW 和带状减少了出水量，增加了蒸散量。还评估了每种 EFBS 支持植物生长和养分吸收的能力。当在用带状 CYW 改良的沙子中生长时，所有物种的茎干重和茎营养成分（氮和磷）趋势相似，并且最高。与 PB 相比，CYW 的流出物中的总可溶性氮（Total Soluble Nitrogen，TSN）水平更高，而与基质基质无关。砂在出水中的 TSN 和 PO4-3-P 浓度通常低于板岩。

W Nichols[36]（2018 年）：预测雨林性能的工具非常有限，尤其是预测季节性性能的工具。温度的变化会引起水的粘度，渗透率和蒸散率的变化。使用费城水利局拥有和运营的费城动物园雨水花园的观察池深和土壤湿度数据，对可变饱和土壤模型 HYDRUS-1D 进行了校准和验证。利用典型的气象数据和温度调整后的饱和水力传导率值模拟了冷暖季节。设计暴风雨的模拟结果证实，雨水花园表现出色。通过增加负载比，直到出现漫溢或积水时间超过 24h，来模拟系统的最大容量。

唐双成等[37]（2018 年）：为了研究雨水花园设计参数对雨水滞留的水文效应的影响，在实验研究的基础上，使用网络排水模拟模型（DRAINMOD）分析了雨水花园运营的长期效应，考虑的因素包括降雨特征、雨水花园蓄水深度、径流集水面积比等设计参数。结果表明，DRAINMOD 能够较好地模拟雨水花园的水文过程；利用长期气象资料（1951—2007 年）进行的连续模拟表明，暴雨径流的平均减少量为 18.5%；雨水花园处理径流量占 76%，占年度总额的 1%。雨水花园蓄水深度有一个临界值，高于该值，增加雨水花园蓄水厚度对雨水花园蓄水能力没有影响。在雨水花园中增加 30cm 的内部蓄水使地下排水量减少 19.2%；并将体积减小到 33.5%。采用内部蓄水的雨水花园可以促进水量的减少和水质的改善，对城市雨水管理和非点源污染控制产生积极影响。

W Mohammed 等[38]（2019 年）：雨水花园是一种有效的雨水控制措施（Rainuater Control Measures，RCM），用于发达地区，通过恢复水文循环来减少径流并复制开发前的条件。水量由渗透和蒸散控制。渗透，有时被称为深度渗透，发生在路基或下层土壤的深处，受暗渠存在/不存在、位置和设计细节的影响；土壤介质（通常为进口工程介质）的厚度；以及原生土壤的类型和厚度。使用时，地下排水沟由一根被粗骨料包围的多孔管组成，它们通常用土工布包裹以防止堵塞。为了研究这些因素的影响，使用可变饱和土壤模型 HYDRUS 2D 对位于宾夕法尼亚州詹金敦溪源头的雨水花园的水力性能进行了监测和建模。雨水花园有一个暗渠，于 2015 年安装在宾夕法尼亚州阿宾顿友谊学校。施工后，雨水花园配备了气象站、测量水槽内水位的起泡器、土壤湿度传感器和测量暗渠孔口流出量的压力传感器。在 HYDRUS 2D 模型中，使用起泡器的水位和当地土壤特性作为输入，测量的流出量用于校准模型。校准后的模型用于检查几种情况，如暗渠的最佳尺寸和位置，以及使用生物滞留混合物而不是原生土壤的必要性。

马晓菲等[39]（2020 年）：城市居民正常的日常生活已经受到失控的雨洪径流带来的不利影响。为了提升雨水花园在城市管理中的生态系统服务能力，研究团队创建了具备监测系统的雨水花园，并进行了深入研究。景感学被广泛认可为探究生态系统服务和实现可持续发展的有效方法。基于这一理论，通过分析雨水花园示范样地的景感构造方式、原则以及生态系统服务能力，可以促进人类、生态基础设施和自然环境之间的和谐相处与互相适应。除此之外，这项研究还为类似生态基础设施的建设提供了珍贵的经验。研究表明，雨水花园的建设遵循了双向发展的原则，同时兼顾了方位布局的顺脉性和营造过程的渐进性。该项目能够从多个方面提供调节和支持服务，对改善当地居民的生活环境具有重要意义。通过对径流控制效益监测系统进行监测和分析，发现样地在减少径流方面展现出显著的调节服务能力。

缪遇虹等[40]（2020年）：为了提高海绵城市的源头控制效果，缓解用地紧张、降低建设难度和成本，针对雨水花园提出了一种创新的建设用地适宜性评价方法，该方法基于地理信息系统（Geographic Information Systems，GIS）水文分析和叠加分析。以镇江市某区域为例，这一方法可以准确识别和提取适合建设或改造雨水花园的区域。经过评价分析，结果显示适宜用地面积约占总面积的 19.4%。这些适宜用地主要以林地和草地为主，大约占80%，主要分布在古运河入河口及岸边的绿地带，以及尚未开发的东部和东南部等区域。此外，位于研究区中心地带的政府办公用地内部绿地以及主要道路两旁的区域也是适宜建设雨水花园的地方。通过采用这一基于 GIS 水文分析和叠加分析的建设用地适宜性评价方法，可以更有效地确定适宜建设雨水花园的地点并提高海绵城市的可持续发展水平。期望这种方法的应用能够为未来海绵城市建设提供重要的参考依据，促进城市可持续发展。

D Kelly等[41]（2020年）：爱丁堡皇家植物园创建了一个新的实验性雨水花园，以帮助应对更频繁、更强烈的降雨事件的影响。雨水花园通过在构建的生物滞留系统中模拟自然雨水滞留和渗透特性，为防洪提供了一种可持续的、基于自然的解决方案。通过采用特别选择的植物，既能承受非常潮湿的条件，也能承受非常干燥的条件，雨水花园增强生物多样性能力。本文报道了雨水花园的水文设计，旨在减少园区内涝和局部洪水的发生，然后讨论了植物的选择和种植。所选择的植物组合将鼓励野生动物的多样性，在夏天为昆虫和蜜蜂提供花蜜来源，在冬天为无脊椎动物提供家园，为食籽鸟类提供食物。在撰写本文时，雨水花园已经建成一年多了，还将讨论在此期间对其维护和保养的思考，以及其应对重大风暴事件的性能评估。

B Wadzuk等[42]（2021年）：雨水花园越来越多地用于控制雨水，因为它们在去除和控制污染物方面都很有效。雨水中携带的营养物质是许多流域的主要问题，因为不受控制的营养物质会导致富营养化、有害的藻华、鱼类死亡、栖息地质量退化，以及接收水体中当地生态系统的整体改变。现有的许多关于养分去除的研究都集中在沙质土壤上。这项研究使用离散称重蒸渗仪作为雨水花园的复制品，量化了五种不同土壤类型和流动模式的养分减少和成分运输特性。还进行了分批吸附等温线和柱测试实验，以支持对蒸渗计结果的解释。

R Makbul等[43]（2021年）：住宅区产生的废水来自肥皂水、油和属于灰水类别的类似废物，以及雨水，因此最好的处理方式是安装水处理系统。本研究的目的是确定一种适用于望加锡市住宅区的雨水花园模型。所使用的方法是通过识别雨水花园土地的适宜性，计算尺寸，并制作正确的雨水花园模型。根据研究结果得出的结论是，用于减少望加锡市居住环境中灰水和雨水径流的雨水花园模型设计具有三种变化。根据居住环境中的水损失，设计灰水排放水库和径流排放，以填充雨水花园的时间。流速为 $V=0.3m^3/s$，水流深度 $Y=1.2m$。根据矩形最佳水力断面的水流宽度和深度之间的关系，渠道底部为 $B=0.8m$，防护高度 $Y=0.36m$。使用该雨水花园模型的生活垃圾处理和雨水径流的有效性，生物需氧量（Biological Oxygen Demand，BOD）=102.8mg/L（入口）至 8.4mg/L（出口）。TSS 最高值为 79mg/L（入口）至 8.3mg/L（出口）。洗涤剂的最高值为 59.84mg/L（入口），加工后的产率为 1.25mg/L（出口）。处理居住环境中的灰水和雨水径流是为了减少进入城市排水系统的液体废物量，创造可持续的城市卫生生态。

闫丹丹等[44]（2021年）：土壤中聚积的重金属元素可能对土壤和地下水造成污染，给人体健康带来潜在危害。为了应对这一问题，雨水花园被视为海绵城市建设的一项关键举措，可以集中雨水并让其渗透入土壤。然而，长期积聚的雨水可能会导致雨水花园土壤中重金属元素的累积。为了深入研究这一现象，本研究选择了西安市某高校的雨水花园为研究对象。这片雨水花园的总面积为 $604.7m^2$，采用 20:1 的汇流比来收集屋顶上的雨水。为了评估雨水花园土壤中重金属元素的累积情况和污染风险，运用了富集系数法、单因子污染指数法以及内梅罗综合污染指数法。这些方法为研究提供详尽的数据和评估结果。研究结果显示，雨水花园的各土层均积聚了铜、锌和镉等重金属元素。其中，铜在土壤中的累积程度较小，锌在土壤表层略有富集，其他层次的累积程度较低；而镉在不同的土层中积累程度各异，并容易受到人类活动的影响。通过单因子污染指数法和内梅罗综合污染指数法的分析评价，虽然铜和锌元素出现了累积，但并未达到污染标准；而各层土壤都受到了镉的轻度污染。

崔野[45]（2022 年）：在应对雨水径流中的氮磷污染问题方面，采用了重庆市常见的五种本土草本植物，包括沟叶结缕草、狗牙根、假俭草、巴哈雀稗和地毯草。这些植物具有独特的生态功能，可以吸收并储存土壤中的营养物质，减少其在雨水中的流失。同时，它们还能提供根系结构，增加土壤的稳定性，减少土壤侵蚀和水土流失的风险。这些草本植物在生态修复中发挥着重要的作用，不仅可以提高水体质量，还能促使生态系统的恢复和保护。通过积极采用本土植物，可以进一步推动环境保护和可持续发展的目标。通过建造雨水花园，并进行渗透率试验、脱氮试验以及除磷试验，可以发现：首先，植被能够有效地减轻介质层的堵塞问题；其次，这五种草本植物都能有效地去除雨水中的氮素，去除效率在75%～95%之间；再外，无论是在干旱还是湿润条件下，针对成熟植株而言，干湿条件并不会对脱氮效果产生显著影响；最后，尽管出水中可能仍然存在较高浓度的总磷，但这些总磷主要以颗粒形式存在，其生物可利用性较低。通过综合比较研究数据，发现沟叶结缕草和狗牙根在脱氮和除磷方面表现较优异，这两种植物生长速度快，能适应各种干旱和湿润条件。

Rashid 等[46]（2022 年）：雨水花园是减少径流污染物负荷的一种简单替代方案。然而，RG 建设会影响环境，需要证明投入运营后产生的净效益。研究模拟了由于安装 RG 而导致的径流和污染物负荷的减少，使用生命周期评价方法估计了对环境影响的减少程度。采用最可行的（环境）雨水收集（Rainwater Harvesting，RWH）系统，在有 RG 和没有 RG 的情况下进行了比较。考虑了三种 RG 尺寸，例如在干燥、平均和潮湿的年降雨量条件下的 3m、4m 和 6m。流域规模结果显示，RG 运行阶段对富营养化、人类毒性致癌、淡水生态毒性和海洋生态毒性的影响分别约为无 RG 系统的（24%～54%）、（21%～49%）、（21%～47%）和（14%～45%）。然而，一旦添加了制造和安装，除了富营养化和生态毒性淡水外，RG 的净影响远高于没有 RG 的情况。因此，在干旱降雨条件下，除 4m 和 6m RG 大小外，所有情景的净生态毒性淡水影响都较低。最可行的 RWH 方案（例如，2000和 3000L 储罐）对全球变暖、人类毒性致癌和生态毒性陆地类别的 RG 系统产生了 3%～81%的净影响。另一方面，RWH 对 RG 系统的臭氧消耗和富营养化的净影响为 105%～200%，对淡水生态毒性和海洋生态毒性的净影响是 51%～119%。

第三节　低影响开发理念

一、概念

低影响开发是一种旨在控制暴雨径流和减少污染的生态技术体系，通过采用分散、小规模的控制措施，使城市开发地区的水循环更接近自然状态。LID 的核心思想在于在原地收集雨水，进行自然净化，并将其靠近需求点进行利用或补充地下水。

LID 的概念源于对城市化进程中常见的问题的反思。传统的强化型城市开发模式常常会导致暴雨引发的大量径流，这些径流不仅损失了宝贵的水资源，还会造成环境污染和洪涝灾害。因此，LID 强调通过分散的、小规模的手段，来确保雨水能够得到合理的利用和处理。

LID 采用一系列控制措施，包括但不限于绿色屋顶、雨水花园、雨水桶、生物滞留池等，这些措施能够在源头上截留雨水，并进行初步的净化。例如，通过设立绿色屋顶，可以在建筑物上设置多层植被，吸收雨水、降低径流，起到保护楼房和减缓城市排水压力的作用。生物滞留池则通过排除污水在地表径流之前提供一定程度的净化功能。

除了在建筑物上实施 LID 措施，LID 还强调城市规划时的水资源管理考虑。合理布局下的雨水收集系统能够更好地利用雨水资源，并通过回补地下水，实现水资源的可持续利用。此外，在对待雨水管理方面，社区层面也要积极推广低影响开发的理念，通过制定相关政策和法规，鼓励居民参与 LID 实践。

总之，低影响开发是一种注重生态平衡和水资源可持续利用的城市发展模式，通过分散的、小规模的控制措施，能够实现城市开发地区与自然水文循环的接近。这种生态技术体系不仅能够减少径流和污染，还促进了城市可持续发展和环境质量提升。我们应该积极推广和应用低影响开发，为未来城市的可持续发展作出贡献。

二、低影响开发理念的发展

低影响开发理念是在雨水最佳管理理论的基础上逐渐发展起来的，最早出现在 20 世纪 80 年代的生物滞留池技术的介绍中，后来渐渐加入其他技术，成为协调经济增长与暴雨径流这一环境限制因素的管理方法。在 20 世纪 90 年代中期的马里兰州乔治王子县，环境资源部针对郊区雨水管理问题提出了一项创新方法，被称为 LID。在 2004 年，美国国防部将 LID 定义为"一种战略性的雨洪管理策略，旨在维护和恢复场地的自然水文功能，实现自然资源保护目标，并符合环境管制要求"。这一创新方法的出现标志着对环境保护和可持续发展的关注，为解决城市发展中出现的雨洪问题提供了全新的思路[47]。

（1）LID 最初阶段（20 世纪 90 年代末）。解决暴雨径流问题，解决暴雨径流问题的关键在于采取分散式控制策略，通过对场地源头进行控制来维持其开发前后的水文特征不变。这样一来，就能有效减少城市地表径流量以及峰值流量的产生。分散式控制是一种全新的方法，它强调在场地源头上进行控制，而不是依赖传统的集中式控制措施。通过采用这种方法，可以更好地保持场地的自然状态，使其具备更好的水文特征稳定性。

（2）LID 第二阶段（2000—2005 年）。解决水质问题，为了有效控制初期雨水中的大部分污染物，制订了水质控制目标。在干旱少雨、水资源匮乏以及地下水过量开采的地区，雨水的收集和储存变得至关重要。为此，乔治王子县制定了一项综合性设计技术标准，以低影响开发为主要内容。该标准的推出旨在解决这一问题，并促使采取相应的行动。

（3）LID 第三阶段（2006—2010 年）。解决水资源利用问题，在解决雨水收集的数量和水质净化的问题之后，继续深入处理雨水管理的挑战。加入水资源利用这一理念，美国各地开展 LID 的设计，很多地区都在排水中采用此项措施，因此得到美国政府的支持。

（4）LID 第四阶段（2010 年至今）。解决水生态修复问题和可持续循环问题，雨水资源的合理利用，具有重要意义。它不仅可以降低水体污染的风险，而且能够在源头上阻止径流污染的发生。通过合理利用雨水，能有效减少对地下水的过度开采，并减少对淡水资源的需求，从而减少人类活动对自然水体的干扰。这给我们带来了更可靠和持久的水资源供应，同时也为水体生态系统的健康发展提供了良好的保障。雨水资源的合理利用不仅是环境保护的需要，更是实现可持续发展的必然选择。

三、低影响开发理念的技术措施

LID 技术理念的核心是场地通过合理设计，结合不同的技术措施来处理场地的径流问题。结合当地的水文气候条件，在场地开发前进行生态设计和技术措施，从源头控制，在最大程度上降低土地开发导致的水文变化和对生态的影响。LID 技术设计需要从渗透、滞留、存贮、过滤和净化等方面考虑，分为保护性设计、渗透技术、径流存贮、径流输送技术、过滤技术和低影响景观六个方面[48]。

LID 措施分为结构性措施和非结构性措施两类，结构性措施主要有：生物滞留池、雨水花园、植被过滤带、下凹绿地、绿色屋顶、透水铺装、种植器、蓄水池、渗透沟、干井等；非结构性措施主要有：增加植被面积和可透水路面、合理布置建筑和街道等。低影响开发技术措施如表 2-5 所示。

表 2-5　低影响开发技术措施

类型	技术措施	非技术措施	功能
保护性措施	—	增加植被面积和可透水路面、合理布置建筑和街道	保护开放空间，增加透水面积，减少径流量
渗透技术	生物滞留池、雨水花园、植被植被过滤带、下凹绿地、绿色屋顶、透水铺装等	—	利用渗透减少径流量，处理和控制径流，补充土壤水分和地下水
径流存贮	蓄水池等	—	调蓄不透水面径流，逐渐渗透、蒸发，减少径流排放量，削减峰流量，防止侵蚀
径流输送技术	植草沟等	—	采用生态化的输送系统来降低径流流速、延缓径流峰值时间
过滤技术	渗透沟、干井	—	通过土壤过滤、吸附、生物等作用来处理径流污染

类型	技术措施	非技术措施	功能
低影响景观	—	把雨洪控制利用措施和景观相结合	选择适合场地和土壤条件的植物,防止土壤流失与去除污染物

四、国内外 LID 技术研究现状

海绵城市的建设理论是基于 LID 技术基础发展而来的,是广义上的 LID 技术,体现具有中国区域特色的雨水管理理论,是将生态和谐发展和城市雨水治理相结合的综合手段,为中国城市可持续雨水管理提供了理论依据。在海绵城市工程技术手段中对渗透技术、存贮技术、调节技术、传输技术做了详细介绍,在此不再赘述。本书总结了近年来专家学者对 LID 技术的研究进展,共计 16 篇研究成果,如下。

Y Yang 等[49](2018 年):低影响开发实践通常用于弥补城市发展造成的地表不透水性,可以通过减少径流量和峰值流量,以及延迟达到峰值流量的时间来减轻洪水风险。为了在初步设计阶段选择合适的 LID 实践类型及其表面积,需要快速评估各种 LID 设计在设计风暴下的水文性能。本研究提供了一种快速评估各种 LID 实践水文性能的方法和工具箱,这对于开发人员初步建立 LID 设计很有帮助。首先使用雨水管理模型模拟了三种常见类型的 LID 实践(即绿色屋顶、生物滞留池和渗透沟)在各种设计风暴下的水文性能。然后将结果呈现为基于单元存储的性能曲线,进一步开发了查找表,以帮助比较和选择各种水文性能目标的 LID 替代方案。为了促进 SWMM 建模,来研究开发了举证实验室(Matrix Loboratory,MATLAB)工具箱来自动执行输入修改、模型仿真、结果提取和后处理过程。最后,还分析了查找曲线对设计风暴类型和生物滞留池设计规范的敏感性,并验证了在开发这些查找曲线时使用的假设。

Linggui L 等[50](2019 年):农村水生态环境问题日益突出,其生态治理意义重大。从海绵城市到海绵村庄,利用低影响开发技术解决农村水生态环境问题的有效途径。研究通过对西咸新区沣西新城渭河湿地的水文、土壤、径流、植被等因子的调查分析,尝试构建一条适合西北农村水生态环境管理的 LID 路线。为西北农村绿色基础设施和海绵城市建设提供参考。

罗艳霞[51]（2019 年）：随着城市化的迅猛进程，城市面对着沉重的环境和资源挤压。雾霾、温室效应以及水土流失等问题日益严重。城市过度开发导致不透水的层面不断扩大，地表径流量剧增，从而频繁出现城市内涝和干旱。研究指出，在自然生态系统中，80% 的降雨会渗透到地下，只有 20% 会作为径流流走。然而，传统的城市建设方式却使得这 80% 的雨水全部流失，只有 20% 能够回流到地下。这种对雨水资源的浪费不仅没有有效利用雨水，还加大了城市排放雨洪的负担。与此同时，中国有 2/3 的城市面临水资源短缺的困境，还有相当一部分水资源遭到了污染，无法利用。所以面临城市高发的内涝和水资源短缺问题，海绵城市应运而生。

James 等[52]（2019 年）：低影响开发是一种用于管理城市雨水径流的土地规划和工程设计方法，已在全球范围内广泛采用。LID 最佳管理实践是依靠自然过程来管理雨水数量和质量的人工技术。文章中，回顾了与九种 BMP 相关的最新文献（2008 年后发表），以突出 21 个最常调查的径流参数的处理效率范围。讨论了每种 BMP 的主要功能、优缺点以及影响性能的因素。对审查参数的频率分析表明，总悬浮固体、总磷、总氮、径流减少和锌浓度是最常调查的雨水径流参数。在与低影响开发最佳管理实践（LID-BMP）相关的研究的知识差距和相互冲突的目标方面，观察到五个反复出现的主题，包括：对衡量有效采用 LID 的参数缺乏共识，BMP 的性能变化很大，许多 BMP 是已知的营养污染物输出国，缺乏针对单个 BMP 的寒冷天气性能特定研究，以及缺乏针对单个 BMP 的与人类病原体相关的雨水质量研究。讨论了解决这些知识差距的未来研究建议。

王华等[53]（2020 年）：为了更好地管理绿色建筑材料，我们进行了一项研究，探讨了低影响开发技术在绿色建筑材料管理中的应用。在这项研究中，详细分析了 LID 技术的主要措施和特点，并与传统方法进行了比较，重点关注了雨水控制和污染物控制方面的优势。此外，结合 LID 技术对绿色建筑进行了适应性评估。评估结果表明，通过采用雨水花园、透水铺面和下凹式绿地等方式，可以更有效地管理绿色建筑材料。这项研究为我国在绿色建筑材料管理中应用 LID 技术提供了重要的技术支持和理论基础。

P Zhang 等[54]（2020 年）：被自然植被覆盖的区域已经被改造成沥青、混凝土，或有屋顶的结构，具有增加的表面不渗透性和降低的自然排水能力。传统的排水系统是为了模拟自然排水模式，以防止开发场地发生内涝。这些排水系统由两个主要组成部分组成：径流储存系统和雨水管道系统。径流储存系统包括用于储存和渗透径流的蓄水池和干井，而雨水管道系统是集水池和用于收集和输送径流的管道的组合。这些排水系统的建设成本高昂，可能会对环境造成重大干扰。在这项研究中，低影响开发方法，包括广泛的绿色屋顶和可渗透的联锁混凝土路面（Permeable Interlocking Concrete Parement，PICP），被应用于现实世界的建筑项目中。结果表明，将两种 LID 方法应用于拟建排水系统项目，在 25 年、50 年的使用寿命内可分别平均节省 27.2% 和 18.7% 的生命周期成本（Life Cycle Cost，LCC）和生命周期费用。

W Yang 等[55]（2020 年）：为了分析 LID 实践在地表径流管理中的表现，在德累斯顿的校园里进行了 2001—2015 年的长期水文建模及成本效益分析。在雨水管理模型中设计并模拟了七种 LID 实践和六种降水情景。通过计算 LID 实践的生命周期成本和径流去除率进行了成本效益分析。结果表明，LID 实践对研究区域的地表径流缓解有显著贡献，受降水情景长度和 LID 实施方案的影响。当降雨情景短于 12 个月时，LID 实践的径流去除率波动很大。当降雨情景超过 1 年时，对径流去除率的影响是恒定的。渗透沟（Infiltration ditch，IT）、透水路面和雨水桶（IT+PP+RB）的组合具有最佳的径流控制能力，去除率在 23.2%～27.4% 之间，雨桶是最具成本效益的 LID 方案，成本效益（C/E）比在 0.34 至 0.41 之间。本研究通过进行不同持续时间的长期水文模拟而不是单场风暴的短期模拟来改进建模方法。总的来说，本研究的方法和结果为实施适当的 LID 实践的决策过程提供了额外的改进和指导。

王烨等[56]（2020 年）：在水资源以及生态和景观的融合领域，需要提出创新的设计方案，以优化城市高架下的空间利用效益，应用相关的低影响开发技术。这些技术不仅可以解决城市内涝问题，还能够建造弹性的海绵体。本文介绍低影响开发技术和措施的概念，并深入探讨在城市高架下为利用雨水如何进行设计。此外，还分析一个具体的例子，展示低影响开发技术在高架桥下的应用。通过这些案例的阐述，可以更好地理解和运用低影响开发技术来优化城市空间设计，实现水资源管理和环境保护的双赢局面。

牛媛媛[57]（2020 年）：在考虑深圳机场区域现状和建设计划时，需要全面考虑，确立深圳机场建设海绵城市的总体目标和思路。计划对机场建设运用低影响开发技术中的"渗、滞、蓄、净、用、排"等原则进行分析，以便制定飞行区、航站区、公共区三大区域内的低影响开发技术建设指南，以最大限度减少对自然生态环境的不良影响。

Y Demissie[58]（2021年）：低影响开发已成为传统雨水管理系统的新兴替代方案，研究评估并优化了LID不同组合的应用，以最大限度地减少过去和未来风暴及相关洪水条件下流域的流量。雨水管理模型是由耦合模型相互比较项目第6阶段观测到的降水量和缩小的降水量推动的，用于模拟径流并在华盛顿州伦顿市应用LID。最终结果表明，LID在减少总径流量方面的性能随所用LID的类型和组合而变化。

郑国栋[59]（2021年）：下沉式道路是一种常见的道路形式，用于建设海绵城市。从实际应用效果来看，它具有多种功能，既可以节约城市土地资源，又能够起到阻隔噪声、美化景观、缓解热岛效应等作用。然而，下沉式道路也存在一些缺陷，最突出的问题是排水困难。特别是在降雨集中或排水不畅的情况下，积水会严重影响通行。因此，在设计和修建下沉式道路时，必须充分考虑排水问题。我们介绍了下沉式道路排水设计的主要内容，包括水泵选型、断面布置等。同时，概述了单个、两个以及多个下沉式路段设计的要点，并介绍了在施工中使用到的新型LID技术，这些经验可以为国内各地开展海绵城市建设提供一定的借鉴。

温志亭[60]（2022年）：低影响开发是城市规划和开发建设的重要理念，也是推动海绵城市建设的关键要素。在总结LID技术在实际工程中的应用和实践经验的基础上，结合珠海市横琴新区全岛景观提升项目的现状，对园林工程中应用LID技术的控制目标和建设策略进行了详细阐述。提出了植物配置和雨水处理模式，并在道路排水系统中采用透水铺装、植草沟、下凹式绿地、雨水花园等先进技术设施，这些措施有效解决了城市面临的雨水径流总量、峰值和污染问题，提高了城市雨水管理能力。

Amela Greksa等[61]（2022年）：生物滞留系统是全球最受欢迎的低影响开发实践。在这项研究中，我们使用RECARGA建模软件模拟了诺维萨德市四个地点的生物滞留性能。该研究的第一目标是评估生物滞留系统减少径流的潜力，第二个研究目标是提出RECARGA模型作为未来决策过程的支持。生物滞留设计参数对生物滞留性能的敏感性分析，包括与不同规模的生物滞留系统、暗渠的应用、土壤质地的差异以及每个生物滞留层深度的变化有关。生物滞留系统的总平均滞留径流量在 43.33%～93.84% 之间，而一些单一模拟结果为 100%。在所有测试的设计参数中，生物滞留量和原生土壤导水率对径流减少率的影响最大。这项研究提供了有关开发特定地点的生物滞留解决方案的信息，该解决方案需要在研究领域防止城市洪水，而该系统在实践中仍然没有得到充分应用。所获得的方法可以应用于其他地区，也可以推广到其他有类似城市洪水问题的城市。

A Abdeljaber 等[62]（2022 年）：气候变化和城市化导致城市地区洪水的频率和强度增加。为了应对此类极端事件，低影响开发已被用作传统雨水管理系统的可持续替代方案。LID 通过提供额外的雨水储存、过滤和渗透来控制径流，并在源头管理洪水。本研究旨在研究与传统雨水管道排水系统相比，对多种 LID 控制的技术经济和环境性能：生物滞留池（Bioretention Cell，BC）、渗透沟和可渗透联锁混凝土路面进行了成本综合生命周期分析，以评估所检查的雨水管理系统的环境影响和财务可行性。通过结合生命周期评估（Life Cycle Assessment，LCA）和生命周期成本分析（Life Cycle Cost Analysis，LCCA）的结果，进行了生态效率分析（Ecological Efficiency Analysis，EEA），以量化 LID 控制的环境成本。技术分析表明，与传统系统相比，LID 控制使 IT、BC 和 PICP 的径流量分别显著减少 67%、53% 和 36%。此外，LCA 结果显示，管道排水系统最不有利，单项得分为 191mPt，其次是 PICP（188mPt）、BC（40mPt）和 IT（30mPt）。在 30 年的评估期内，LCCA 的调查结果表明，与 PICP（1700 万美元）和传统（1950 万美元）系统相比，IT 和 BC 控制的净当前成本最低，分别为 1160 万美元和 1450 万美元。EEA 显示，在 LID 系统中，IT 是最具生态效益的（EI=0.34Pt/$），而 PICP 是最不具成本效益的（EI=0.97Pt/$.）。研究还发现，应用混合 LID 模型进一步减少了径流、环境影响和财政负担，分别减少了 79%、84% 和 48%。总的来说，这些发现强调了实施综合 LID 控制作为可持续雨水管理系统的潜在环境和财务效益。

关广禄[63]（2023 年）：采用厦门集美软件园片区市政道路作为研究对象，对径流总量控制率、径流污染控制率与道路参数进行了相关性分析。研究结果显示，在 α=0.01 水平上，径流污染控制率与径流总量控制率之间存在极显著的正相关关系。同时，在 α=0.01 水平上，径流总量控制率与透水铺装面积存在极显著的正相关关系。此外，在 α=0.05 水平上，径流总量控制率与绿化带面积显示出显著的相关性。这表明透水铺装在调蓄径流总量时起到了重要的作用。其次，针对片区道路的低影响开发和周边地块的统筹设计，研究显示经过与径流控制单元绿地统筹加权设计后，可以达到 80% 左右的满足规划要求的效果。

梁峰[64]（2023 年）：LID 技术是一种用于模拟自然水文条件，控制和管理雨水的技术。它通过分散且较小规模的源头来有效控制雨水污染源头，并实现对暴雨下形成的径流和污染物的控制。这种技术具备良好的弹性，可以应对降雨引发的洪涝灾害。它利用吸水、蓄水等方式储存雨水，并进行合理的释放和净化，以实现雨水资源的有效利用。在海绵城市建设中，LID 技术与海绵城市基本概念相结合，起到关键作用。它不仅有效降低了城市降雨洪水带来的危害，还通过二次净化利用水资源，达到节能减排和保护生态的目标。

第四节　Storm Water Management Model 模型理论

一、SWMM 模型介绍

SWMM 模型是由美国环境保护局（U.S. Environmental Protection Agency，USEPA）开发的，是一种用于研究城市排水防涝问题的有效方法，是一种针对城市雨洪管理，主要应用于城市区域水文水利学模拟。目前市面上针对雨洪管理模拟的软件很多，针对海绵城市、低影响开发的软件主要有 SWMM、水文工程中心水文模拟系统（The Hydrologic Engineering Center's Hydrologic Modeling System，HEC-HMS）、水文模拟程序—公式翻译器（Hydrological Simulation Program-FORTRAN，HSPF）等，相对于其他软件，SWMM 的模拟功能更加完善，所以在研究中普遍选择 SWMM 进行数值模拟[65]。

二、模型原理

1. SWMM 模型功能

SWMM 模型是一个动态的模型，具有较高的灵活性，可以动态模拟某个区域降水过程、径流变化的过程，区域内任意时间段中的任意时刻和不同时间段都可以通过模型进行模拟和追踪。同时也模拟某一区域的管网及河流的水质和水量；模拟每个管网和河道中的流量及水质现状；还能模拟 LID 技术措施，从而评价 LID 技术；利用于规划设计和实践操作，较为复杂的排水系统比较适用；有地表信息和地下管道数据的情况下，可以对大、小流域进行模拟[66]。

2. SWMM 模型基本原理

SWMM 模型由计算模块和服务模块两个部分构成，不同模块相互配合使用，使 SWMM 模型模拟功能得以实现。SWMM 模型可以模拟地表产流、地表汇流、管网汇流、LID 技术及水质模拟等方面，合理确定参数和模型的结构对模型的评价和改进模型都非常重要。

（1）地表产流模拟。地表径流雨水的下渗是土壤渗透的过程和地表主要产流的途径，而城市区域产流主要是超渗产流，霍顿提出了产流理论，理论中的下渗概念是指下渗能力的变化是随着土壤湿度而变化[67]。根据该理论，地表产流的关键是下渗能力计算。通常运用 Horton（霍顿方程）、Green-Ampt（格林—安普特方程）和 SCS-CN（径流曲线）三种方法，SWMM 可以有效模拟地表产流。

1）Horton 方法：这个方法所需参数较少，是最常用的下渗计算方式。主要是反映降雨时间对入渗率的影响，随着降雨水时间的增加，入渗率降低。

$$f_p = f_c + (f_0 - f_c)e^{-kt} \qquad (2\text{-}1)$$

式中：f_p 为地表下渗率（mm/h）；f_0 为初始下渗率（mm/h）；f_c 为稳定渗透率（mm/h）；t 为入渗时间（h）；k 为经验参数。

2）Green-Ampt 方法：这是 1911 年由 Green 和 Ampt 提出的方法，这种方法可以更精确地计算下渗率。

$$f = k_s \left(\frac{h_0 + h_f + z_f}{z_f} \right) \qquad (2\text{-}2)$$

式中：f_p 为地表下渗率（mm/h）；k_s 为土壤饱和导水率（mm/h）；h_0 为地表总积水深度（mm）；h_f 为湿润锋的深度（mm）；z_f 为概化湿润锋面深度（mm）。

3）SCS-CN 方法：是一种相对简单的方法，以径流为研究目标，适应城市不同下垫面、不同类型土壤的研究。

$$Q = \frac{(P - I_a)^2}{P - I_a + S} \tag{2-3}$$

式中：Q 为实际径流量（mm）；P 为降雨量（mm）；I_a 为初始滞留量（mm）；S 为最大可能滞留量。

（2）地表汇流模拟。地表汇流是指雨水降落到地面后产生的净雨，从汇水区各处向断面汇集的过程。SWMM 模型中各汇水区的表面处理过程都采用非线性水库计算。地表汇流计算通常用连续方程和曼宁公式进行计算。

1）连续方程。

$$\frac{d_v}{d_t} = A\frac{d_d}{d_t} = A_i - Q \tag{2-4}$$

式中：d_v 为排水区的总容积（m³）；d 为水深（m）；t 为时间（s）；A 为子排水区面积（m²）；i 为净雨强度（mm/s）；Q 为流量（m³/s）。

2）曼宁公式。

$$Q = 1.49 \times \frac{W}{n} \times (d - d_s)^{\frac{3}{5}} \times S^{\frac{1}{2}} \tag{2-5}$$

式中：Q 为地表径流的体积流量；W 为子汇水区宽度（m）；N 为曼宁糙率；d 为总降水量深度（m）；d_s 为滞蓄深度（m）；S 为子汇水区平均坡度。

（3）管网汇流模拟。所有的汇水分区都经历了产生和汇集的过程，最终以每个节点的方式汇流进排水管网，形成一个流量传输。由于各个子汇之间存在相互作用关系，使得整个降雨径流系统出现非正常特征。SWMM 可以模拟运动波、稳定流以及动态波三种流动状态，因此管网汇流计算通过稳流法、动力波法和运动波法三种方法来计算管网中的流量。稳流法和运动波法是简化方法，计算效率较高但应用效果一般，动力波法是以圣维南（St.Vennat）流量方程求解，应用效果最好。

$$\frac{\partial A}{\partial t} + \frac{\partial Q}{\partial x} = 0 \tag{2-6}$$

$$gA\frac{\partial H}{\partial X} + \frac{\partial\left(\frac{Q^2}{A}\right)}{\partial X} + \frac{\partial Q}{\partial t} + gAS_f = 0 \tag{2-7}$$

式中：Q 为管段流量（m³/s）；A 为过水断面面积（m²）；t 为时间（s）；X 为距离（m）；

H 为水头（m）；g 为重力加速度，取 9.8m/s^2；S_f 为摩阻比降。

（4）LID 技术及水质模拟。在 SWMM 模型中，可以考虑降雨带来的主要污染物来源，例如：降雨、地表径流、固定排放、地下水、下渗、外部流水等，可以针对这几种主要污染物来源进行模拟。

SWMM 模型专门建立了针对 LID 技术措施的模拟，对于 LID 措施的效果，以及使用之后水文响应，都需要进行系统评价。在 SWMM 模型界面专门给出 LID 的模拟，有助于对 LID 技术的评价。SWMM 模型对降雨污染物的模拟方法如表 2-6 所示。

表 2-6　SWMM 模型对降雨污染物的模拟方法

污染物来源	模拟方法	污染物基本内容
降雨	设置降雨中各个成分的浓度，来模拟降雨中的污染物	降雨中包含的污染物，湿沉降
地表径流	通过污染物累积模型和污染物冲刷模型来模拟	污染物有累积和冲刷两种
固定排放	通过人口数量或排放面积来设定并模拟污染物的数量和质量	工业污水排放、公共卫生
地下水	通过设定地下水流动过程中各种污染物成分的浓度来模拟	从各汇水区的饱和区输送到网络节点侧向地下流的污染物
雨水下渗	通过设定雨水下渗过程中各种污染物成分的浓度来模拟	雨水下渗中的所有污染物
外部流水	$$C(t) = B_v \times B_{pf} + S_c \times T_v$$ 式中：$C(t)$ 为某种污染物的浓度；B_v 为基准值（常数）；B_{pf} 为基线模数因子（可以重复每小时、每天、每月）；S_c 为比例因子；T_v 为时变值（随时间的变化而变化）	外部流水流入到排水管网中影响排水管道的污染物和数量

三、国内外 SWMM 模型的研究现状

对于海绵城市及 LID 技术的研究过程中，大多数的研究者都会利用 SWMM 模型进行排水系统模拟功能设计。该模型发展至今 50 多年，已经广泛应用到城市内的雨水径流模拟、合流制管道水利分析、污水管道水利分析和排水系统规划等。本书总结了近年来专家学者的研究进展和研究成果，如下。

朱培元等[68]（2018 年）：为了研究低影响开发措施对雨水排放的控制效果，选取了江西省南昌市某住宅小区作为研究对象，并运用 SWMM 模型模拟了多种不同方案下 LID 措施在不同重现期降雨条件下的减排效果。根据研究结果显示，通过采用下凹式绿地、渗透铺装和植被浅沟等雨水系统措施，总径流量和洪峰流量得到了显著降低，这种降低幅度在 1 年、2 年、5 年、10 年和 20 年的重现期中分别达到了 13.9%～25.1%和 31.6%～47.9%的范围。进一步研究表明，在基于上述结果的基础上，屋面雨水桶、绿色屋顶和绿色屋顶+雨水桶的设计方案能够进一步提升径流的控制效果。相比而言，雨水桶对总径流量的削减作用更加显著，而绿色屋顶在洪峰流量的控制方面表现更出色，尤其在高强度降雨条件下，单独使用雨水桶无法起到有效的削峰作用。而当绿色屋顶与雨水桶两者结合使用时，削峰减排效果明显。这些研究成果对于住宅区雨水系统的径流控制具有重要参考价值。

CL Panos 等[69]（2020 年）：城市正在通过填充开发或"再开发"得以新的增长，即低密度的土地用途被重新开发为高密度，增加了不透水表面。城市需要修改雨水标准，以管理通过低影响开发重新开发带来的雨水径流和洪水的增加。雨水管理模型中的流域尺度水文建模可以帮助决策者修改法规以适应再开发。然而，LID 建模仍然相对较新，并且缺乏对模型某些参数的敏感性的理解。特别是 LID 的选址和路线参数，如 LID 的流出路线、处理区域和位置，没有得到很好的研究。通过对科罗拉多州丹佛市一个重建社区的案例研究，我们在一个校准的 SWMM for PC 模型中测试了这些参数的 32 种配置。研究发现，一些配置会导致反作用模型过程，从而在各种配置中导致类似的径流减少，这向决策者表明，减少目标可以通过多种方式实现。径流体积对处理面积和 LID 放置的相对敏感性平均是其他模型参数的 3.0 和 11.2 倍。鉴于这种敏感性，从业者和建模人员应在水文建模工作中考虑 LID 选址和路线参数，为法规提供信息。

SRT Taghizadeh[70]（2021 年）：在过去几十年中，气候变化、人口增长、城市化、土地利用的变化和过时的径流收集网络影响了许多国家城市径流的数量和质量。本研究提出了一种新的城市径流水质改善绿色基础设施规划方法。该框架旨在优化城市地区低影响开发最佳管理实践的类型和区域设计。结合城市排水网络，考虑了三种管理实践，包括渗水沟、生物滞留池和透水路面。雨水管理模型用于降雨径流模拟，多目标粒子群优化（Multi-Objective Particle Swarm Optimization，MOPSO）算法用于 LID-BMP 优化。提出的 SWMM-MOPSO 模型已应用于伊朗德黑兰西北部，并确定了 BMP 的优化组合。为了评估优化 BMP 的性能，将其结果与对每个子流域实施单一类型 BMP（即渗水沟、生物滞留池和透水路面）的条件进行了比较。为此，按每个子流域区域的不同百分比分配单一类型的 BMP。结果表明，通过使用这些单一 BMP 类型，整个流域的 TSS、总磷（Total Phosphorus，TP）和总氮（Total Nitrogen，TN）浓度分别降低了 97%、68% 和 72%。可以看出，生物滞留池是改善水质最有效的单一 BMP。在确定三种 BMP 的最佳组合的情况下，应用 SWMM-MOPSO 模型来最小化 TSS 浓度。结果表明，与单一生物滞留池相比，BMP 的最佳组合可将 TSS 浓度降低 10%～12%。提出的混合 SWMM-MOPSO 模拟优化模型有助于 LID-BMP 的优化设计和径流水质控制。

FE. Parnas 等[71]（2021 年）：气候变化和城市化增加了城市地区联合下水道系统的压力，导致联合下水道溢流加剧，受纳水体水质下降，河流流量变化。可渗透表面提供渗透潜力，有助于减少联合下水道系统的径流。降雨前城市土壤特征和初始水分条件的变化是影响入渗过程和径流特征的重要因素。在本研究中，城市水文模型 SWMM 和 STORM 用于评估三种城市沙质土壤的 Green-Ampt、Horton 和 Holtan 渗透方法，对一组关键参数值进行了敏感性分析。此外，还进行了长期模拟，以评估说明初始土壤含水量的能力。结果表明，Holtan 方法能够同时考虑可用蓄水量和最大入渗率，以及在入渗能力再生中的蒸散量，在径流行为方面给出最好的结果。此外，饱和时具有不同入渗率的城市沙质土壤的结果，以及对干燥条件下最大入渗率和潮湿条件下最小入渗率敏感度的高灵敏度，表明应在饱和时对这些土壤的入渗率进行现场测量。

李昂等[72]（2022 年）：城市排水管网是保持现代化城市运转的重要设施之一，它不仅是城市的基础设施，还是城市内涝问题的关键解决方案。为了解决这一问题，各地积极加快改造老旧排水管网。针对徐州某汇水区构建了排水 SWMM 模型，并通过模拟分析来评估汇水区排水管网在不同重现期的负荷承载能力和内涝情况。根据研究结果显示，汇水区的雨水管网在重现期下能满足 48% 左右的排水需求。对于 1—2 年一遇重现期，可以达到约 47% 的排水需求。然而，只有 2% 的排水系统能够满足 2—3 年一遇重现期的需求。此外，仅有大约 3% 的排水系统具备处理 3～5 年一遇重现期的条件。而对于超过 5 年一遇的降雨情况，几乎没有任何排水系统能够胜任。随着降雨重现周期的延长，积水区域的面积和水深也会相应地增加。以 1 年一遇重现期为例，该区域被淹没的面积约占整体的 4.12%，其中淹没深度超过 0.2m 的面积约占 0.71%。当降雨重现期达到 2 年一遇时，被淹没的面积增加至 5.51%，淹没深度超过 0.2m 的面积占比则为 0.94%。而在 3 年一遇重现期下，淹没区的面积占整个区域的 7.02%，同时淹没深度超过 0.2m 的面积占比为 1.08%。更长的重现期，比如 5 年一遇，会导致淹没区面积占整个区域的8.45%，淹没深度超过 0.2m 的面积占比为 1.28%。这些研究结果对于今后完善现有雨水排水管网和进行管网改造提供了重要的依据。

王建富等[73]（2022 年）：近年来，随着对海绵城市建设的重视，SWMM 模型越来越广泛应用于相关规划设计中。本文以迁安典型片区为案例，综合利用设计资料、人工试验和自然降雨监测数据，提出了参数选择和率定的方法。采用拉丁超立方抽样法（Latin Hypercube Sampling，LHS）从参数样本中进行样本选择，并对其进行率定和验证，进一步确定参数的最佳取值范围和最优值。此外，还对非结构性参数进行了率定和验证，为地方海绵城市建设提供了宝贵经验支持，同时为我国 SWMM 模型应用提供了参考和借鉴。

本 章 小 结

综上所述，随着全国多个城市海绵城市的应用和发展，越来越多的研究者开展了海绵城市和雨水花园的研究，上文中列举了多个近年来的研究项目。国内大多数学者基于 LID 技术开展海绵城市的研究工作：有学者研究通过海绵城市理念进行雨水生态系统利用设计，改善不透水地面，减轻市政管网的压力；有学者研究通过构建评价体系以及应用层次分析过程和模糊综合评价方法，评价海绵示范区河流健康状况；有学者研究基于生态学和园林学的知识，构建可以自主调控雨水流动、收集和存储雨水的城市基础设施，满足城市需求；有学者研究深入探讨基于海绵城市系统的城市水（大气水—地表水—土壤水—管网水—地下水）的转换过程，从而为海绵城市建设的基础理论研究和工程实践提供帮助；还有学者研究从植物选择进行分析为生物过滤提供参考依据。LID 技术的研究在选择规划设计时都是以大城市为基础进行规划设计，为大城市的海绵城市规划设计及评价提供了一定参考价值。雨水花园的研究中有学者监控径流方面的内容；有学者根据GIS 系统分析评估场地的特征，确定建立雨水花园的适应性；有学者研究植物的适配性，通过实验数据分析雨水花园脱氮除磷的效；有学者对土壤成分进行实验，分析植物生长对于雨水花园的影响。对于 LID 技术及海绵城市的研究过程中，大多数的研究者都会利用 SWMM 模型，有学者模拟不同方案下 LID 技术在不同重现期降雨条件下的减排效果；有学者利用该模型模拟分析来评估汇水区排水管网在不同重现期的负荷承载能力和内涝情况；有学者根据对 LID 技术的研究，提出混合 SWMM-MOPSO 模拟优化模型有助于 LID-BMP 的优化设计和径流水质控制。

研究表明，大部分的研究数据没有针对新建、改建的小城镇建设，几乎没有可以参考的案例，本研究将考虑以研究地点的实际情况，结合当地自然气候特征，针对城市雨水利用率与径流污染物削减率较低的问题，参考以前研究者提供的宝贵经验，规划设计径流水量控制方法并对海绵体结构组成进行优化设计，从而达到削减径流污染的目的。在研究过程根据当地环境，配置适合该地区的植物景观，并根据不同配比的土壤实验，分析雨水花园径流控制效果和污染物去除效果，并考虑蓄水等其他效果，使雨水花园达到最佳。在雨水花园中搭建在线监测的雨水花园系统径流水量控制设施，以监测结果为基础，对本研究提出的在线监测方法进行了调控性能的验证，实现径流水量的控制。利用地理数据可视化模块整理地理环境的水文、地质、气候、土壤等参数，模拟雨水花园的水循环景观。结合 SWMM模型，分析不同土壤配比的雨水花园对研究区域的"渗""滞""蓄"效果模拟，并对管网生态优化布置前后径流量变化、洪峰滞后时间变化、雨水出流时间变化、管道调蓄状态变化进行模拟，分析海绵城市雨水花园管网生态优化布置效果。在整个研究过程中将 LID 技术、海绵城市、雨水花园及 SWMM 模型的应用进行有机结合，更新新型小城镇雨水花园的设计规划理念。

第三章　海绵城市背景下雨水花园框架设计研究

由于城市整体具有周期性的发展特征，且内部各组成要素相互协调、相互统一。为了确保城市运转良好，需要所有组成部分相互配合，只有透过紧密的协作，所有城市要素才能顺畅地相互衔接，使城市机制运转如常[74]。生态基础设施作为推动城市建设的重要部分，可以为城市创造满足绿色发展理念的自然环境，更能符合时代发展的需求。从多角度、多方面建设生态基础设施，例如自然保护区、农林业系统、城市绿化建设等，可以有效维护城市生态结构的完整性，满足城市生态环境建设需求[75]。雨水花园与海绵城市关系如图 3-1 所示。

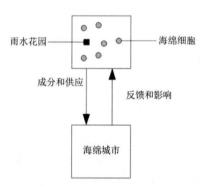

图 3-1　雨水花园与海绵城市关系

雨水花园作为城市生态基础设施的微观层面，扮演着城市有机体中的重要角色，可以被视为细胞的一部分。它与其他生态设施紧密协作，无数个细胞有序地运转，共同促进城市有机体的运作。

在海绵城市理论中，雨水花园与城市之间的关系可以被比喻为"海绵细胞"与"城市海绵"之间的联系。作为众多海绵细胞中的一种，雨水花园对于城市的生态景观建设具有极其重要的意义，并且在覆盖范围上起着广泛的作用。这种花园也常被称为海绵城市的"小气孔"。因此，我们需要以有序地规划建设雨水花园，使得其数量和处理能力都能恰到好处，既不浪费，也不短缺[76]。为了达到这一目标，我们需要在规划层面上找到合理的方法，确保每一处可以被处理净化的雨水都能够被妥善处理，让每一个雨水花园都能够充分发挥其应有的功效。

雨水花园在某种程度上，能够有效地去除污水中的有害物质。雨水花园可以通过基质、植物去除水中污染物，且去除能力较强[77]。现阶段，在雨水花园小规模污水处理方面的研究逐渐成熟，能够对污水作出有效的净化处理，然而，传统的雨水花园小规模污水处理方法在实际应用中，仍然存在不足，污水中污染物的降解率得不到显著提升[78]。本书根据研究区域的具体条件，在设计研究中引入光伏光催化技术作为一种新型污水处理技术，开展了雨水花园小规模污水处理方法研究，能够为污水处理提供重要的支持。

第一节　雨水花园的选址

一、气象水文分析

1. 降雨量和蒸发量

在雨水花园框架设计中，对气象水文条件进行分析是至关重要的。在开始设计之前，需要尽可能地了解本地气象站观测数据，这些数据包括年平均降雨量、蒸发量以及月平均降雨量和蒸发量。更具体地说，根据雨水收集和特殊的防洪排涝需求，还需要了解特定暴雨强度重现期下 24h 内的最大降雨量。我国各地降雨条件存在较大差异，而降雨的丰沛程度直接影响选择雨水径流控制设施的方式，因此，对气象水文条件进行细致深入的分析对确保雨水花园框架的有效设计至关重要。例如：干旱及半干旱地区需要将雨水径流控制在设计场地附近，直接地表渗透或者就近滞留，重点控制雨水径流污染，一般不建造水景；半湿润地区除了考虑雨水径流控制，可以收集雨水与水景观结合，充分滞留、渗透和利用；湿润地区，雨水丰富，考虑雨洪控制和改善水质问题，充分打造水景观，并合理利用雨水资源。

2. 地区水文

在选择雨水花园的位置时，应该认真考虑以下几点：首先，如果选址靠近城市的水系，就需要了解该水系的常水位和洪水位，确保设计能够应对可能发生的洪水情况。其次，如果选址靠近地势较低的地区，还需要了解该地区在不同暴雨强度下可能出现的内涝情况，这些地区往往承受着较大的城市防洪和排涝压力，因此在设计过程中需要重点考虑调蓄控制措施。最后，如果雨水花园的选址临近城市的水系，还需要特别重视如何控制径流污染的问题，这样可以有效保护水体的水质，改善水质条件，避免对天然水体的污染，维护城市环境的健康与可持续发展。因此，在确定雨水花园的具体位置时要全面考虑，确保设计方案能够适应当地的自然环境及相关市政要求。

二、用地条件分析

1. 雨水径流水质条件

根据《海绵城市建设技术指南》《四川省低影响开发雨水控制与利用工程设计标准》（DBJ51/T084—2017）、《四川省绿色建筑评价标准》（DBJ51/T009—2018）及《西昌市建设项目海绵城市专项设计编制规定及审查要点（试行）》，海绵城市专项设计中强调应以雨水面源污染控制和年径流总量控制为主，与项目实际情况相匹配，充分考虑场地径流水质条件，雨水污染程度不能超过土壤及植被的自净能力。

2. 排水设施

在进行框架设计之前，必须首先对用地现场进行详细踏勘。这次踏勘的焦点是场地内的排水条件，其中包括自然排水设施和工程设施排水设施。如果选址具备良好的自然排水条件，那么在设计中只需要在主要活动场地附近增加一些少量的排水设施即可解决问题。然而，如果现状并不具备可利用的条件，那么在框架阶段就需要考虑引入工程排水设施，以构建一个既能实现径流控制系统，又能带来景观效益的设计方案。

三、研究地区选择

1. 选址条件

为了确保雨水花园的设计能够有效收集和利用场地周围的雨水，选择合适的位置至关重要。首先要考虑的是能够方便地收集到来自场地周围的雨水径流。因此，雨水花园的位置应该位于雨水径流的来源地，并延伸到达最远点。这样做是为了尽可能多地收集雨水，并使其能够流到区域汇水性能最强的地方。然而，需要注意的是，虽然这些地方汇水性能强大，但排水性能却较差。因此，在选址时需要充分研究场地内的地下管网设施，以避免雨水渗入对管网设施造成危害。只有综合考虑这些因素，才能选择到最佳的选址。建筑周围的雨水花园需要按照规定的距离设置，以确保不会对建筑基础造成不良影响。距离建筑基础至少 2.5m 是为了避免径流水渗入基础。另外，为了充分利用建筑屋顶的雨水资源，可以通过合理安排落水管将雨水引导到雨水花园中。但需要注意，不应将雨水花园建在供水系统附近或水井周围，以免雨水中的污染物影响水源。此外，雨水花园也不适合建在低洼处或积水频发的地区，因为这样容易导致雨水聚集，无法及时渗入，不仅不利于植物生长，还可能滋生蚊虫。因此，在选择场地时，最好考虑土壤排水情况，选择一个平坦的地方建造雨水花园，这样更容易施工和维护。此外，尽量保持雨水花园向阳，有利于植物的生长和雨水的蒸发。同时，还应注意协调雨水花园的位置和景观表现，与周边环境融合，达到更美观的效果。

雨水花园的大小和规模受多种因素的影响，其中收集和管理场地上的雨水径流是决定其规模的最关键因素。一般而言，设计雨水花园需要考虑收集所有可能到达的雨水径流，通过这种方式可以估算出进入雨水花园的整个排水量，从而近似计算出所需设计的雨水花园的面积。

2. 研究选址

（1）研究区域概况。研究区域为四川西南部的宁南县，地理坐标介于东经102°27′44″～102°55′09″，北纬 26°50′12″～27°18′34″之间，地处金沙江中游，地形地势特征鲜明，山峰沟谷分布广泛，海拔在 585～3919m 之间，跨度较大。该地季候特征为干湿分明、雨热同期，降水丰沛，日照时间长，无霜期和结冰期，气候特征突出，多年平均气温 17℃，降雨集中在 6 月、7 月、8 月、9 月，年平均降水量可达 526.7mm，当地多发展立体农业，选址位置如图 3-2 所示。

宁南县地下水储量较大、水资源类型多样，主要为第四系松散堆积层孔隙水与基岩裂隙水。但由于当地属于地势起伏较大的山区，地下水资源受地形地势、岩石板块、土层结构等影响，差异性明显。

图 3-2　选址位置

地下水资源的主要类型为基岩裂隙水，其中包含碎屑岩、玄武岩及岩溶裂隙水，后者流量大，其他水量都小于 10L/s。该类型水资源主要由下渗水补给，且受岩层构造及性能影响，运输、补给、埋藏等要求的复杂性较大，地表水与地下水间的联系较差。地下水资源最终会作为孔隙水的补给水源，其余经过银厂沟排至黑水河。

宁南县的地下水总体流动趋势以金沙江为目标方向，自北向南流动，主要用途为补给河水。且该地区地下水以偏碱性和中性水为主，水体中多富含碳酸镁与碳酸钙化学元素，矿化度＜1g/L。第四系孔隙水多分布在宁南县，但由于水源埋深不足，该地地下水受污染较严重。工作区浅层地下水例如堆积松散情况下的地下水，会影响地层结构、土层结构稳定性，导致引发滑坡、泥石流等灾害。并且该地为人口较为集中的区域，人流密度大，施工项目频繁，会影响岩层稳定性。此外，受沟谷冲蚀及水资源含量大的影响，容易破坏当地地质环境，造成岩体崩塌。

（2）研究区域数据分析。通常情况下，我们认为最佳设计状态是要将径流控制总量的目标设置为与开发前自然地貌（以绿地为考虑）时的径流排放量接近。绿地的年径流排放总量通常为年降水量的 0.15～0.2 倍（即绿地年径流总量的外排比例为 15%～20%）。在借鉴国外经验的基础上，我们发现年径流总量的控制率最好设定在 80%～85% 之间。这个目标能够有效控制频率较高的中小型降雨事件的影响，并得到实践证明。

《海绵城市建设技术指南》对我国部分城市 1983—2012 年降雨资料进行统计，计算年径流总量控制率对应的设计降雨量值，因为四川省宁南县未列其中，所以应计算设计降雨量。根据规定的指南，设计选取的降雨数据应该包括至少近 30 年的日降雨情况。在这些数据中，需要排除降雨量小于等于 2mm 的降雨事件。接下来，将降雨量按照从小到大的顺序进行排序，并统计小于某一特定降雨量的降雨总量占总降雨量的比率，这个比率即为设计降雨量。因为统计数据有限，本研究统计数据选择了 2013 年 1 月到 2022 年 12 月的宁南县日降雨量作为分析数据。数据来源于美国国家航空航天局，主要查询地面气象信息，从中国地面国际交换站气候资料中获得 10 年的日降雨量数据。宁南县 2013—2022 年月均、年均降水量统计如表 3-1 所示。

表 3-1　宁南县 2013—2022 年月均、年均降水量统计　　　　单位：mm

年	月												年均降雨量
	1	2	3	4	5	6	7	8	9	10	11	12	
2013	0.68	0.81	11.98	32.87	79.18	171.97	177.35	180.9	148.63	65.08	0.16	4.5	847.11
2014	2.27	13.49	8	7.2	29.51	221.89	296.19	248.68	110.22	43.71	10.23	3.23	994.61
2015	24.66	0	13.89	48.5	47.12	115.28	223.16	301.65	135.34	103.44	1.95	11.47	1026.48
2016	1.69	7.69	10.43	56.02	112.98	229.55	203.71	88.29	216.85	68.38	50.02	4.81	1050.42
2017	1.64	4.84	38.77	74.01	53.95	251.15	272.09	233	139.98	66.53	1.61	0.11	1137.67
2018	12.11	0.92	14.88	10.81	123.07	233.25	243.72	214.5	165.47	47.42	1.41	8.62	1076.18
2019	4.44	3.24	1.89	9.83	21.69	159.82	317.95	140.85	153.17	32.47	4.03	9.6	859
2020	16.43	12.72	0.74	19.24	70.51	251.07	194.51	298.99	204.85	63.01	5.79	4.21	1142.09
2021	3.52	3.77	3.06	20.85	27.29	266.93	373.07	184.97	152.73	38.58	7.24	9.19	1091.19
2022	10.22	30.48	8.59	50.84	139.88	223.61	169.36	138.99	179.89	30.59	2.96	10.18	995.32
月均	7.78	7.80	11.22	33.02	70.52	212.45	247.11	203.08	160.71	55.92	8.51	6.59	—
年均	—	—	—	—	—	—	—	—	—	—	—	—	1024.71

数据来源：中国地面国际交换站。

经过完整统计分析，全年平均降雨量为 1024.71mm，降雨为 0 的无雨天（晴天或者阴天）共 1452 天，占统计天数的 39.75%；微降雨量，即降雨 0～4.9mm 的天数 1566 天，占总天数的 42.87%，占下雨天数的 71.15%；降雨量 5～9.9mm 的天数 309 天，占总天数的 8.46%，占下雨天数的 14.04%；降雨量 10～24.9mm

的天数 266 天，占总天数的 7.28%，占下雨天数的 12.09%；降雨量 25～49.9mm 的天数 58 天，占总天数的 1.59%，占下雨天数的 2.64%；降雨量 50～99.9mm 的天数 2 天，无超过 100mm 的天数。宁南县 2013—2022 年日降雨量频率统计分析如表 3-2 所示。

表 3-2　宁南县 2013—2022 年日降雨量频率统计分析

统计项目		统计天数/天	下雨天数/天	占总天数比例/%	占下雨天数比例/%
全部统计天数		3653	—	—	—
无雨天数		1452	—	39.75	—
下雨天数		—	2201	60.25	100
日降雨量/mm	0～4.9	—	1566	42.87	71.15
	5～9.9		309	8.46	14.04
	10～24.9		266	7.28	12.09
	25～49.9		58	1.59	2.64
	50～99.9		2	0.05	0.09
	100～249.9		0	0	0
	大于 250		0	0	0

由表 3-2 可知，日降雨量在 10mm 以下的下雨天数占全部下雨天数的 85.19%，其中降雨量在 4.9mm 的天数占 10mm 以内这个雨量的 83.52%，由此可知：雨量过小不容易造成流速快并且大的地表径流；根据相关研究数据显示，10mm 以下降雨最容易造成地表径流的污染，污染最严重。例如道路雨水的弃流值为前 10mm，因此，如果采用相关有效的生态降污处理方法，可以更好地减少市政雨污管的投入，防止路面雨污水对自然水体的面源污染。根据宁南县降雨特征，适合使用小渗流背景下的海绵城市雨水花园生态管网进行降污。

从表 3-1 中可以看出，宁南县降雨主要集中在 5—9 月，共 5 个月。其中月均降雨量在 100mm 以上的分别为 6 月、7 月、8 月、9 月，6 月、7 月、8 月最为明显，降雨量均在 200mm 以上。12 月份的降雨量为全年最少。在这 10 年期间，月降雨量的变化不是特别大，没有特别极端的降雨气候出现，只有在 2015 年 2 月出现降雨量为 0 和 2017 年 12 月出现最小月降水 0.11mm，雨量最大月在 2021 年 7 月为 373.07mm。

宁南县2013—2022年月总降雨量、年总降雨量极差值统计如表3-3所示。

表3-3 宁南县2013—2022年月总降雨量、年总降雨量极差值统计 单位：mm

月份	1	2	3	4	5	6	7	8	9	10	11	12	年总降雨量
最低月	0.68	0	0.74	7.2	21.69	115.28	177.35	88.29	110.22	30.59	0.16	0.11	859
最高月	24.66	30.48	38.77	56.02	139.88	266.93	373.07	301.65	216.85	103.44	50.02	11.47	1142.09
差值	23.98	30.48	38.03	48.82	118.19	151.65	195.72	213.36	106.63	72.59	49.86	10.36	283.09

由表3-3可知，不同年份的同一月份降雨也存在一定差异。8月份的极差值超过了200mm，5月、6月、7月、9月都超过了100mm，说明需要特别关注这几个月的降雨量，降雨分配不均，还是需要提前做好防涝抗旱措施的，这对城市的良性发展具有重要意义。

根据分析，宁南县最大设计日降雨量取85mm，从调蓄设施的经济性和合理性考虑，取50%作为设计参考，本书设计实验取证45mm日降雨量作为设计指标。

3. 设计规模因子计算

（1）设计影响因子分析。

1）降雨量设计是指对功能设施规模进行设计标准的确定。它的作用是确保小于设计降雨量的雨水能够全部通过设施进行处理，而大于设计降雨量的雨水则会超过设施的容量而溢流外排。设计降雨量是在一定重现期下24h内的最大降雨量。例如，同一块土地在不同城市的雨水花园中，由于地区设计降雨量的不同，雨水花园的布局规模会不同。

2）径流系数是用来衡量一次降雨后在给定汇水面积内的径流量与降水量之间的比值。它的目的是评估方案中不同类型汇水面对地表径流的影响。径流系数能够反映不同汇水面的地表径流状况。在降雨发生后，一部分降水将通过渗透作用进入土壤层，而另一部分则会形成地表径流并汇集到汇水面积中。

3）面对不同类型的汇水面，必须考虑到各种不同的地面覆盖物。在建筑设计中，需要关注建筑屋顶、铺装材料以及绿地以及雨水花园的面积。这些不同类型的汇水面具有不同的特点和功能。

4）蒸发量，选取当地多年的平均蒸发量。

5）雨水花园下垫面的渗透系数是指汇集雨水的表面在透水方面的物理特性。一般来说，通过渗透速度（以 mm/h 为单位）来衡量，而它与下垫面的结构密切相关。

6）在规划设计过程中，需要认真考虑取用水量的问题，特别是存在雨水回用需求时。如果没有雨水回用的计划，就无需过多关注此问题，重点可以放在收纳调蓄设施上。在设计中引入雨水回用系统，可以充分利用自然资源，减少对传统水资源的依赖。因此，在进行设计时，要充分考虑到未来可能的需求，并根据实际情况进行合理的规划和布局。

（2）设计计算。不同计算措施的设计规模计算方式都是有所区别的，下凹绿地、雨水花园、调蓄设施的计算多依靠水量平衡分析方法。而以雨水净化为主导的人工湿地，计时需要考虑植被类型、雨水径流污染物的浓度控制等复杂的因素。而雨水花园的水量平衡估算要考虑输入水量和输出水量两个方面。

1）确定输入水量。

$$Q_1 = HA \tag{3-1}$$

式中：H（mm）为当地设计降雨量，A（m^2）为设计设施的面积。

$$Q_2 = H\Sigma\psi_i A_i \tag{3-2}$$

在雨水设施中，A_i 代表了周围不同类型的汇水面积，而 ψ_i 则代表了不同类型汇水面的径流系数。表 3-4 提供了在不同覆盖条件下汇水面径流系数的参考值。此外，补水水量主要针对调蓄水塘，可以根据景观进行相应调整。径流系数如表 3-4 所示。

表 3-4　径流系数

汇水面的类型	径流系数	汇水面的类型	径流系数
沥青屋面	0.8	林地（坡度 5%～10%）	0.25
铺石子的平屋面	0.6	林地（坡度 10%～30%）	0.3
绿化屋面（精细）	0.4	草地（坡度 0%～5%）	0.1
绿化屋面（粗放）	0.6	草地（坡度 5%～10%）	0.16
砼、沥青路面	0.8	草地（坡度 10%～30%）	0.22
块石等铺砌路面	0.5	农田（坡度 0%～5%）	0.3
透水砖、透水砼路面	0.4	农田（坡度 5%～10%）	0.4
非铺砌的土路面	0.3	农田（坡度 10%～30%）	0.52
林地（坡度 0%～5%）	0.1	水面	1

数据来源：《建筑与小区雨水控制及利用工程技术规范》（GB 50400—2016）。

2）确定输出水量。输出水量包含了雨水设施在设计计算时间内的渗透量 $Q_{渗透}$、蒸发量 $Q_{蒸发}$ 及设计场地内的取用水量。

$$Q_{渗透} = AR_{渗透}T_{渗透} \tag{3-3}$$

式中：$R_{渗透}$ 表示雨水设施下垫面的渗透系数；$T_{渗透}$ 表示的是时间。

$$Q_{蒸发} = AH_{蒸发} \tag{3-4}$$

式中：$H_{蒸发}$ 为多年平均蒸发量。

根据具体场地的用水需求，取用水量将会有所不同。这些用水需求包括但不限于植被灌溉、路面喷洒、景观营造、厕所清洗以及中水回用的水量。

3）水量平衡计算。雨水设施的水量平衡计算是基于输入和输出水量的对比，而这种对比关系决定了设施内储存的雨水量。与普通花园不同的是，雨水花园不需要考虑水的补充和取用量，我们可以使用以下公式进行估算。

$$(Q_1 + Q_2) - (Q_{渗透} + Q_{蒸发}) = h_m A \tag{3-5}$$

其中，h_m 表示雨水设施应对设计降雨量的蓄水深度。

4）雨水花园的规模估算。雨水花园的规模可以依据水量平衡来计算。其主要汇水来源包括不透水路面、屋顶以及绿地。根据以往的经验来看，一个有效运行的雨水花园通常占据不透水汇水区面积的 5%～10% 之间。因此，在设计雨水花园时，需要仔细评估汇水量并相应地确定合适的花园规模。

如果假设雨水花园没有初始蓄水量，可设计一个方案来计算在给定时间范围内的雨水花园蓄水量。假设雨水花园的总蓄水深度为 H，那么雨水花园的实际蓄水量将是总蓄水深度的一半。此外，还需要考虑雨水花园的面积 A 以及短时间内的蒸发量。

为了计算雨水花园的蓄水量，可以使用以下公式：

$$(A_{屋}N\psi_1 + A_{地}\psi_2 + A_{绿地}\psi_3)H - A_{雨水花园}R_{渗透}T = 0.5A_{雨水花园}h_m A \tag{3-6}$$

式中：$A_{屋}$ 为建筑屋面面积（m^2）；ψ_1 为屋面径流系数；N 为雨水花园所承接屋面径流的比例，如建筑有五个落水管，雨水花园与其中一个落水管连接，则 N 为 1/5；$A_{地}$ 为铺装地面面积（m^2）；ψ_2 为铺装地面径流系数；$A_{绿地}$ 为绿地汇水面积（m^2）；ψ_3 为绿地径流系数；H 指在本地特定重现期下 24h 内的最大降雨量。在实际应用中，雨水花园主要用于应对普通降雨或者暴雨初期的雨水。根据本研究的设计，所设定的降雨量为 45mm。

第二节　雨水花园框架设计原则与要点

一、设计原则

根据选择场地和建设要求，在明确径流管理目标为径流总量控制、污染净化控制与雨水的收集利用的前提下，雨水花园的设计综合采取"渗、滞、蓄、净、用、排"等措施，最大限度地保持原有生态环境的自然循环系统，构建空间格局与环境协调发展相结合的城市生态系统，从而优化城市空间格局，提升城市空间布局的合理性。

1. 系统构建

改变传统的空间布局方法，运用多系统、多目标的合理衔接构建生态优先、自然良性循环的城市空间系统体系。结合海绵城市雨水综合系统的构建方法，建立源头减排系统、排水管渠系统、超标雨水径流控制系统、防洪系统，将各系统进行具体影响因素的分解，如水文、土壤等，并结合城市规划布局影响因素，如土地分区、土地利用现状等进行再综合叠加分析，进而得到城市规划与可持续发展的雨水花园相协调的综合布局形式。

2. 空间布局

采用传统设计方式，场地会通过排水管网将雨水直接引入市政设施，这种做法导致场地本身的排水能力无法得到充分利用。相比之下，雨水花园的设计则强调充分利用场地自然排水条件，并采取一系列保护性设计措施，使其能够充分发挥优势。并且可以充分利用天然沟渠、湖泊等自然空间对降雨的积存作用，加强对场地的布局规划、竖向规划与开发前的水文状态的衔接关系，分析场地用地类型的布局规模，下垫面要求，设施规模等，对场地规划合理调整，构建整体思路。

3. 功能与景观相结合

以本地树种为主要基调，进行自然式配置，建造多类型的植物生态景观，增加植物景观层次及品种，创造优美舒适的景观环境，雨水花园中的植物根据水分条件、径流雨水水质等进行选择。

二、设计要点

（1）雨水花园的设计应根据按需设计，包括雨水花园的数量、面积、分布。

（2）选址合理，和市政基础设施建设相配合，不妨碍城市运转。

（3）雨水花园之间，及雨水花园与其他生态设施之间紧密联系，形成一个可持续发展的生态基础设施网络。

三、雨水花园框架设计主要内容

1. 雨水径流管控方法设计

在设计雨水花园之前，必须根据场地的特点建立一个有效的雨水径流管理系统。雨水花园的主要功能是收集来自建筑物屋顶、地面铺装和周围绿地的径流水。降雨区域的部分径流会直接注入雨水花园，另一部分则会直接进入市政管网设施。大部分径流水会通过相应的雨水输送设施直接或间接引导到雨水花园中。当超过雨水花园处理能力时，多余的雨水会通过溢流设施排入市政管网设施，确保雨水花园能够承载并处理来自不同来源的雨水。这种系统的实施将有助于减少雨水对城市环境造成的负面影响，并有效管理雨水资源，同时提高城市的可持续发展能力和环境质量。

因此，设计雨水花园时需要充分考虑径流管理系统，并确定合适的雨水径流设施和花园水平布局，以建立一个完善的雨水控制系统。在设施布局方面应该根据地表径流与地形流动的协调过程来安排输送设施、雨水花园和溢流设施，以逐步实现对雨水径流的有序控制。除此之外，还需要根据场地雨水径流的特征来确定设施和花园的位置和分布，并明确雨水花园的设计目标和规模，更好地实现雨水管理和利用的目的。

常规的雨水花园系统通过雨水滞留设施，实现对径流水量的控制，因其缺少对排水管道拓扑结构的分析步骤，导致径流控制效果不佳，本书提出一种在线监测的雨水花园系统径流水量控制方法，使用传感设备实现对径流水量的实时监测，并增加蓄存功能。以监测结果为基础，对排水管道拓扑结构差异展开分析，并通过调整模拟降水量、调蓄容积等参数实现对径流水量的控制。雨水花园径流管理系统结构图如图3-3所示。

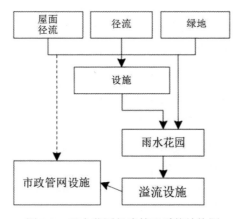

图 3-3　雨水花园径流管理系统结构图

2. 雨水花园管网优化设计

为有效解决海绵城市的雨水调蓄问题、改善水质，提出海绵城市雨水花园管网生态优化布置方法。此方法采用雨水花园工程措施，从管网生态植物配置、填料配置两种角度，设计海绵城市雨水花园管网生态优化布置方案。并利用SWMM 模型，对管网生态优化布置前后径流量变化、洪峰滞后时间变化、雨水出流时间变化、管道调蓄状态变化进行模拟，分析海绵城市雨水花园管网生态优化布置效果。

3. 植物配置与选择

在雨水花园的建设过程中，植物的选择也是重要内容，植物的质量在很大程度上直接影响雨水花园的生态循环能力，雨水花园植物在目前的选择中，主要有以下三种：乔木类、灌木类、草本类。在其中具体的植物种植选择中，应当重视相关植物的耐水能力、耐寒能力、气候喜好、生长速度等要求，结合当地环境进行综合性的考虑，并且能够充分按照植物的观赏季节以及形态特点进行相关的搭配，由于季节气候以及地域的不同，植被选取需选用具有根子发达、茎叶繁荣、净化能力强特点的植物，以便实现有效的光合作用，将氮和磷等微量元素转化成氧气。这类发达的根系也能够吸附水中的金属元素，达到净化水质的作用，当然考虑季节因素，也需要植物有一定的耐旱程度，在水期交替的时候才不会轻易地枯萎死亡。与此同时，植物要有多样性，将常绿草本与落叶草本搭配种植，提高植被群落的结构丰富性和层次，增强观赏价值，也可以引进带有花香的植物，对于蚊虫起到有效的防护，形成一个良性的循环。

4. 雨水花园水循环景观设计

针对城市雨水利用率与径流污染物削减率较低的问题，设计海绵城市雨水花园的水循环景观，并分析海绵城市雨水花园的生态效应。确定海绵城市降雨及时间序列，设计海绵城市雨水花园地理数据可视化模块，根据海绵城市理念对雨水花园海绵体结构组成进行设计，雨水花园的高位花坛水循环景观设计。采用作物系数法计算蒸散发量，分析海绵城市雨水花园水循环景观的生态效应。

5. 雨水花园雨水收集设计

通过不同的方法来收集雨水，包括屋面雨水、路面雨水和绿地雨水。通过计算年降水量来获取集雨量数据，并利用径流系数了解地面汇水面积、地面坡度、建筑密度分布和路面铺装情况，从而初步设计嵌入式雨水收集系统。

6. 雨水花园雨水处理设计

常规的小规模污水处理多数采用生物接触氧化工艺原理，适用范围有限，污水中污染物的降解率较低，污水处理效果不佳。因此引入光伏光催化技术，这是一种全新的小规模污水处理方法。首先，采用水热法，制备光催化剂，为污水处理提供基础保障。其次，模拟设计雨水花园模型，获取小规模污水组分及含量。在此基础上，设计雨水花园光伏光催化净水系统，通过光伏光催化技术与缺氧/好氧一体化工艺，全面实现污水处理目标。

本 章 小 结

在雨水花园框架设计中，首先明确雨水花园的选址条件，对选址区域的气象、水文条件进行分析，确定本次设计的研究区域，分析研究区域的相关数据。其次拟定框架设计的设计原则和设计要点，作为设计的理念。再次在此基础上依次对植物配置与选择、雨水径流设施设置和监测径流数据、雨水花园的水景观、雨水花园管网、雨水花园雨水的收集及雨水的处理进行设计，完成框架设计方案，为后续的详细设计做好理论研究。

第四章　海绵城市背景下雨水花园设计研究

从雨水管理的角度来看，雨水花园是一种重要的工程措施。就技术层面而言，雨水花园的建设是一项具体且细致的任务，需要景观设计师和环境工程师紧密合作，这种合作可以将工程和景观完美结合起来[79]。只有通过合理的工程设计和施工，才能发挥雨水治理和景观优化设计的最大效益。因此，本书以雨水花园主体结构对雨水花园设计中有重要影响的元素进行总结和划分。

1. 地形因素分析

地貌的呈现是指地表地形的起伏变化，与此同时，地形对地表径流的形成有着密切的联系。地形地貌的特点决定了场地自然排水的方式。当降雨落到地面上时，如果没有经过蒸发和渗入土壤的过程，就会形成地表径流。而雨水的径流、流动方向和流速与地形存在紧密的关联[80]。因此，在雨水花园景观设计中，调节地表排水并引导水流方向是不可或缺的重要组成部分，地形规划设计是有效收集和管理雨水的关键。要进行雨水管理措施的选择和相应设施的规划布局，必须对场地的地形进行全面的分析和研究。从收集和管理径流的角度出发，结合场地原有的地貌特征，进行场地竖向设计和雨水管理相关设施的规划布局。

2. 雨水花园设施

雨水花园设施是雨水花园的主要结构支撑，作为雨水径流引导和收集的载体。雨水花园设施主要分为结构设施和雨水管理功能设施，结构设施主要是雨水花园形态的主体和雨水管理功能设施，如雨水花园的形态边界、游客和维护人员进入花园的设施等；雨水管理功能设施包括可收集、引导、截留和溢流的相关设施。在雨水花园的建设中，设施的建设要以满足功能要求为基础，再结合材料和形式的景观设计，达到优化景观质量的效果。

3. 雨水管理功能层

雨水渗透净化功能层是指位于雨水花园中的一种结构层，它在雨水渗透过程中起到净化效果，并在补充地下水或收集利用地下水之前发挥作用。通常，这个功能层由种植土层、填料层和覆盖层组成。由于区域的特点以及雨水管理的目标和系统的差异，不同功能层的组成和主要结构成分也存在一定的差异。在土壤渗透性良好的地区，填料层无需添加人工材料，其成分通常与种植止水带相一致。对于土壤渗透性差的场地，应将表层种植土壤进行混合改良，以保证适合植物生长并具有一定渗透性。填料层需要用天然或人工材料填充，以保证雨水及时渗入。雨水花园的功能层结构也受到雨水径流特性的影响。对于需要收集和管理大量雨水资源或存在严重雨水污染的雨水花园来说，为了延长雨水的渗透时间、充分过滤和净化雨水，需要更加宏大的规模和更深层次的功能设计。

第一节　海绵城市雨水花园雨水径流管控方法设计

一、海绵城市雨水花园雨水径流管理设施设计

目前城市所使用的雨水调控设施主要为地下水排水管道，通过在地下建设复杂的排水管道，雨水经由管道输送最终会排向河流，从而实现雨水调控[81]。一般的排水管道无法将降水完全排除，可能导致城市内涝。对此，为突破上述雨水调控方法的限制，可采用雨水花园系统实现动态的降水调控。雨水花园系统具备调蓄、净化等功能，可以帮助城市调节地表径流，从而避免城市内涝。作为生态调节的有力手段，雨水花园系统以地表径流的宏观调控为主要目的，通过纵向结构的设计与调整，可以使雨水无须流经排水管道，直接通过地表渗流实现雨水调控[82]。

在设计雨水径流设施时，应该遵循地表径流顺应现状地形流动的原则，并根据径流运动过程依次安排源头消减设施、传输设施和受纳调蓄设施，以逐步实现雨水径流的滞留、渗透、净化和储存利用。

1. 源头消减措施

为了控制建筑屋面或地面上的雨水径流，可以考虑利用施工用地布置滞留渗透设施、雨水花园和透水铺装。这些设施的布局可以与建筑、用地道路、活动场地和停车场的设计同时进行。通过这些设施，及时控制雨水的流动，并阻止其在

地表上蔓延。雨水可以直接下渗到设施表面，或者经过短时间的蓄积后缓慢渗透到地下。这样，可以最大程度地减少雨水对周围环境的影响，并有效保护地下水资源。

2. 传输径流设施

雨水花园可以利用生态手段，例如植草沟、生态管网等措施，增加径流的下渗时间，降低流速，也可以通过在城市屋顶、绿化带以及排水道路上安装雨水直流水设施进行径流传输，这样不仅可以将雨水以层层渗入的方式实现排流，同时也可以提高区域的生态效益，提高地区的水体质量，最终水流入调蓄设施，再经过一定处理后实现循环利用。当水位超标时，通过溢流设施进行排放。

3. 受纳调蓄措施

受纳调蓄设施是用于接纳和容纳特定区域或整个设计用地上的雨水径流的一种措施。它通常用于最终阶段的径流控制，并可根据需要进行水景营造或雨水调蓄。受纳调蓄设施规模较大，可以在满足基本设计特征的前提下，以更多的方式进行布局。

二、海绵城市雨水花园径流水量控制方法设计

常规的雨水花园系统在纵向上可以分为六个层次，分别为蓄水层、人工填料层、覆盖层、植被及种植土层、砂层、砾石排水层。其中，植被及种植土层主要通过表层植被实现雨水过滤，从而改善水体质量，该层可以有效改善水体污染问题，提高区域的生态环境效益。根据研究区域的自然环境，调整表层植被的配置方案，选取最为适合的植被品种以及植被面积，实现雨水过滤与水质净化。蓄水层可以对降水中的部分悬浮颗粒进行沉降处理，从而为地表水径流提供存储空间。覆盖层与植被与种植土层的区别在于，覆盖层主要目的是抵抗雨水冲刷，从而防止水土流失。因此覆盖层主要以质地较硬的木条以及砂砾层为主，这样不仅能够保留住土壤的水分，同时内部疏松多孔的环境也非常适合微生物生长，从而提高土壤土质[83]。排水层主要通过不同形式的排水设施将多余的地表水排出，从而避免出现内涝的情况。排水层一般可以分为渗透排水以及过滤排水两种形式。其中，渗透排水主要通过调节每层土壤的结构与密度，使地表径流无须流经排水管道，直接通过渗漏的方式排出；过滤排水主要通过设置排水层，使雨水通过层层过滤最终排出。两种方法均可避免常规的管道排水在排水负荷方面的局限性，实现灵活化排水。

雨水花园系统主要通过搭建绿色屋顶等雨水滞留设施，实现对径流水量的控制，因其缺少对排水管道拓扑结构的分析步骤，导致径流控制效果不佳。因此，针对以上对于雨水花园径流设施设计和雨水花园竖向设计分析后，本书设计了一种基于在线监测的雨水花园系统径流水量控制方法，雨水花园在线监测系统结构如图 4-1 所示。

1. 雨水花园系统在线监测功能设计

为实现对雨水花园系统径流水量的有效调控，对常规的雨水花园系统的功能展开优化，通过增加蓄存功能改善系统对于径流水量的调控性能，需要针对雨水花园的在线监测功能展开设计，并实现效益评估以及风险预警。

雨水花园填料层填料的土质都需根据调控目标进行灵活调整，表层降水通过覆盖层以及种植层的植物进行过滤，流经分流管道，最终通过溢流系统实现雨水溢流[84-85]。本书将常规系统分为进水模块以及蓄水模块两部分，利用传感器实现对径流水量的统计与监测，并构建数据传输系统以及分析系统实现对径流控制。

本书设计的径流水量在线监测系统共包括四个部分，分别为径流水量感知子系统、径流数据传输子系统、径流数据分析子系统以及动态预警子系统。其中，径流水量感知子系统中包含进水模块以及蓄水模块，二者均通过传感设备实现对径流水量的统计与测量，采用多参数水质仪实现对水质的检测，并通过在进水池以及蓄水池中安装流量计实现对径流水量的统计。该设计用到的所有传感器类型及测量指标如表 4-1 所示。

为了提高系统对于雨水花园的气候调控性能，设计的在线监测功能中还添加了气象站模块，通过采用雨量计、温度计、湿度计、辐射传感器、风速风向仪、气压计等设备，采集雨水花园的气象信息，从而获取雨水花园的降水情况、空气湿度、空气温度、太阳辐照度、风速风向以及气压等相关气象参数[86]。传感设备所采集到的雨水花园气象信息数据均会经由传输系统进行传输，传输系统中包含远程数据控制中心与数据展示平台，可以实现对雨水花园气象数据的远程控制以及数据可视化展示。

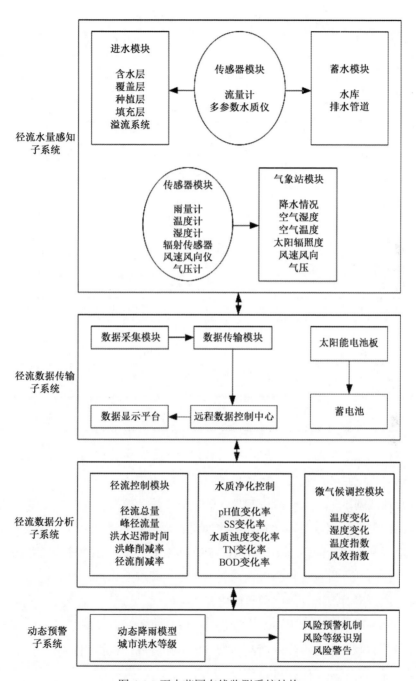

图 4-1　雨水花园在线监测系统结构

表 4-1　传感器类型及测量指标

传感器名称	测量指标
流量计 A	入口瞬时流量的测量
多参数水质计 A	测量进水中每种污染物的浓度
流量计 B	导流口瞬时流量的测量
流量计 C	溢流口瞬时流量的测量
多参数水质计 B	集水区水中污染物浓度的测量
雨量计 A	对比组中一段时间内累积降雨量的测量
湿度计 A	对比组中空气相对湿度的测量
温度计 A	对比组中空气温度的测量
总辐射传感器 A	对比组中太阳辐照度的测量
风速风向仪 A	对比组风速的测量
气压计 A	对比组大气压的力测量
雨量计 B	雨水花园一段时间内累积降雨量的测量
湿度计 B	雨水花园中空气相对湿度的测量
温度计 B	雨水花园中空气温度的测量
总辐射传感器 B	雨水花园中太阳辐照度的测量
风速风向仪 B	雨水花园中风速的测量
气压计 B	雨水花园中大气压力的测量

雨水花园气象数据经由传输系统可视化处理后，会传输至分析系统，并完成径流控制分析，具体控制内容包括总径流量、峰径流量、洪峰迟滞时间、洪峰削减率以及径流削减率。除径流控制外，分析系统还会根据感知系统中多参数水质仪测量出的水质数据，对雨水花园的水质进行净化处理，具体需要调控水质 PH 值变化率、悬浮物（Suspended Solids，SS）变化率、水质浊度变化率以及 TN 变化率[87-88]。同时分析系统也会根据温度变化量、湿度变化量、温湿指数以及风效指数等气象数据对雨水花园的微气候进行调控。

预警系统通过将雨水下渗量、管道分流量、溢出量以及降雨量的洪涝数据使用贝叶斯分类器进行分析，从而判定城市的内涝程度，根据判定结果以及风险等级识别结果，实现城市洪涝风险预警[89]。

通过上述步骤即可建立起雨水花园系统中的在线监测模块，并完成对于径流水量监测功能的详细设计，为后续的径流雨量控制提供帮助。

2. 雨水花园系统径流管道拓扑结构分析与量化

以监测到的雨水花园系统径流水量数据为基础，通过搭建调控模型实现对径流水量的合理控制。对此，首先需要对研究区域进行分析，并以雨水管道为起点，对雨水管网的拓扑结构进行分析与量化，具体实现过程如下。

在研究地点（四川省宁南县）区域内划分 10 个排水分区，不同分区下的径流水量差异较小，雨量分布较为平均，且排水管道建设坡度较小。因此，不同分区下的排水性能较为接近，便于对径流水量进行分析与调控。为对雨水管网的拓扑结构进行分析，首先需要对拓扑结构的差异性进行量化处理。以雨水管道的接口处作为节点，并引入流通时间指标，具体计算公式：

$$A_m = K \times \sum L_i \times \frac{F_i}{F_n} \qquad (4\text{-}1)$$

式中：A_m 为编号为 m 的雨水管道分区的流通时间指标；K 为代表雨水管网拓扑结构的形状系数，即雨水管道与排水分区周长之比；L_i 为代表雨水流通长度；F_i 为代表雨水管道接口为 i 时的雨水流通面积；F_n 为代表编号为 n 的雨水管道分区总面积[90]。

管道节点离排水管口的距离越近，说明该管道内雨水的流通时间也就越长；雨水管网拓扑结构的形状系数越大，代表该区域内排水分区形状越呈现不规则的变化，即排水管道排列组合形式更为复杂。采用上述公式计算出不同排水分区下的雨水流通时间指标，并计算出加权管道的流行距离。

为保证对于径流水量的量化分析工作能够顺利进行，结合 USEPA SWMM 软件构建出径流水量调控模型，将上文中计算出的径流水量数据资料导入 USEPA SWMM 软件中，通过定义管道节点数量、单个排水管道长度、排水管道数量以及排水分区数量，搭建出排水分区模型。构建出的排水分区模型中包括 700 个排水子分区，每个子分区的平均面积为 1.25m²。本研究所搭建的雨水花园系统径流水量调控模型中，主要通过调整下垫面的参数实现对径流水量的控制。本研究结合研究区域的地理位置以及地质特征，将下垫面共分为通行路面、建筑路面以及植被表面三种类型，通过对三种下垫面类型中的冲刷模型参数进行设定，从而调整雨水径流，具体冲刷模型参数配置如表 4-2 所示[91]。

表 4-2　冲刷模型参数配置

参数	通行路面	建筑路面	植被表面
最大累积/mm	210	220	180
半饱和累积时间/h	8	10	10
冲刷系数	0.12	0.12	0.06
冲刷指数	1.85	1.75	1.25
冲刷去除率	75	0	0

根据上述冲刷模型参数，可构建累积指数增长函数，具体函数表达式：

$$B = C_1(1 - e^{-c_2^t}) \tag{4-2}$$

式中：B 为下垫面污染物的累积程度；C_1 为排水分区内污染物的最大累积量；C_2 为污染物排列参数；t 为累积时间。

由此构建出的降雨冲刷指数模型表达式：

$$W = C_3 q^{c_4} B \tag{4-3}$$

式中：W 为雨水冲刷负荷程度；q 为单位面积内的排水区径流水量；C_3 为雨水冲刷参数；C_4 为径流雨量指数[92]。

通过上述步骤即可计算出冲刷负荷程度，结合冲刷模型参数即可构建出冲刷模型，并完成对雨水管网的拓扑结构进行分析与量化。

3. 雨水花园系统径流水量控制参数的调整

为实现对雨水花园系统径流水量的控制，在选取控制特征参数后，通过调整控制参数的大小，实现对径流水量的合理调控。考虑到选择的研究区域内存在工业建筑，因此与传统的雨水花园系统相比，研究所设计的雨水花园系统需要更大的汇流面积。为此，设定雨水花园的径流过程为平衡状态，即排水区域内的径流首先会流经雨水花园的前池，待汇流流量超过前池的调蓄容积时，溢出的径流会流至雨水花园的蓄水池中。

由于模型的特征宽度将会影响排水区的划分效果，首先对上文中雨水冲刷模型的特征参数宽度进行优化。本研究区域可近似地看作一个矩形，通过测量研究区域的径流面积以及汇流长度，可以实现对特征宽度的计算。采用上述方法不仅可以直接计算出模型的特征宽度，同时还可以有效避免因实地测量误差较大导致的计算结果的偏差。模型的特征宽度计算公式：

$$L = \frac{1}{2}L_1 - L_2 \qquad (4\text{-}4)$$

式中：L_1 为地表径流汇流长度；L_2 为排水分区的区域边长[93]。

采用上述公式对排水分区的每一个区域的特征宽度进行计算，再根据排列结果对总区域的特征宽度进行求和，即可得到径流水量控制模型的特征宽度。为实现对径流水量的有效控制，本书还设计了降雨模型，具体模型表达式：

$$a = \frac{A + (C_1 gP)}{(t+b)^n} \qquad (4\text{-}5)$$

式中：a 为单位统计时间内排水区域内的降水强度；C 为代表雨量变化参；P 为雨量波动周期；t 为代表降雨累计时间；A 为区域面积修正参数；b 为单次降雨周期内的降水持续时间；n 为降雨衰减参数。

通过上述的降雨模型可以实现对地表径流的控制，考虑到雨水花园系统自身具备雨水调蓄能力，因此通过模拟雨水花园的调蓄容积实现对地表径流的联合控制，具体计算公式：

$$V = 10H\psi F \qquad (4\text{-}6)$$

式中：V 为雨水花园系统的模拟调蓄容积；H 为单位时间内的模拟降水量；ψ 为综合降水径流参数；F 为排水区的调蓄面积[94-95]。

通过上述计算公式可以计算出雨水花园的调蓄容积，将公式（4-5）与公式（4-6）进行结合，即可根据雨水花园的排水区域特征宽度大小明确径流水量控制需求，再通过结合降水模拟量以及调蓄模拟容积量实现对径流水量的合理调整。

通过上述步骤即可完成对于调蓄容积、排水区宽度以及模拟降水量的调整，从而对雨水花园的径流水量进行有效控制。将现在的内容与上述提到的径流管道拓扑结构分析与量化、径流在线监测功能等相关内容进行结合，基于在线监测的雨水花园系统径流水量控制方法设计完成。

三、实验与分析

1. 实验准备

为证明研究提出的基于在线监测的雨水花园系统径流水量控制方法的实际控制效果，在理论部分的设计完成后，构建如下实验环节。为保证实验效果，本次实验选取了两种常规的雨水花园系统径流水量控制方法作为对比对象，分别为基于 SWMM 模型的雨水花园系统径流水量控制方法，以及基于 Hydrus 模型的雨水花园系统径流水量控制方法。

为提高实验结果的准确性，设计方法在研究区域进行研究，通过采用三种方法对该区域的径流水量进行模拟调控，并设定调控指标，通过对比径流模拟结果从而比较三种方法对于径流水量的调控性能。对此，本文结合 MATLAB 软件对研究区域的径流特征进行模拟，共将研究区域分为 10 个排水分区，并针对每个排水分区的实际径流调节性能设定了不同的拟合修正系数，拟合修正系数如表 4-3 所示。

表 4-3　拟合修正系数

排水分区编号	拟合相关系数
01	0.95
02	0.94
03	0.97
04	0.92
05	0.96
06	0.91
07	0.96
08	0.93
09	0.95
10	0.94

为比较不同方法对于地表径流水量的调节性能，本次实验选取了 12 个降雨重现期，每个降雨重现期的降水量以及降雨历时均有所不同，分别采用三种方法对研究区域的径流模型进行模拟控制，待控制完成后，通过对比控制前后的地表径流削减率，从而比较三种方法的实际调节性能。

2. 实验分析

本次实验选择的对比标准为不同方法对于地表径流水量的调节能力，具体衡量标准为调节前后地表径流衰减率的变化情况，该值越高，代表方法对于地表径流水量的调径性能就越好，不同降雨重现期下地表径流衰减率对比结果如图 4-2 所示。

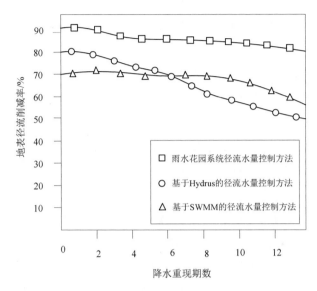

图 4-2 不同降雨重现期下地表径流衰减率对比结果

通过图 4-2 所示的实验结果可以看出，在针对降水量以及降雨历时不同的区域进行模拟调控时，不同方法对于地表径流水量的调控性能也有所不同。通过观察地表径流衰减率变化曲线可以看出，本书提出的基于在线监测的径流水量控制方法能够有效调节地表径流，地表径流衰减率较大，平均值在 85%。而两种常规方法下的地表径流衰减率明显较低，由此可以证明本研究方法对于径流水量的调节能力要优于常规的调节方法。

在研究中通过对源头消减、径流传输、末端调蓄进行设计，并且优化常规的雨水花园系统对于径流水量控制程度不够充分的问题，通过对常规的雨水花园系统进行优化，提出了一种结合在线监测以及蓄水功能的雨水花园系统。通过对雨水花园系统的各项功能进行设计，实现了对径流水量的实时监测，在此基础上通过对模拟降水量以及调蓄容积等相关参数进行设计，可以有效实现对径流水量的调控，提高城市水资源的高效管理与利用。

第二节 海绵城市雨水花园管网优化设计

由于雨水花园具有占地面积较小、建设成本低、性价比高、实用性强的优势，目前被广泛应用于城市居住区、道路、公园等基础设施规划中。在居住区中建设雨水花园，既有效解决地表排水问题，也在一定程度上优化居住区的生态环境；在道路上建设雨水花园，可以有效控制地表流动水中污染物的排入，实现水质净化，保护当地水环境；在公园中建设雨水花园，可以将设施与生态环境进行有机结合，与蓄水池、雨水湿地等环境要素形成优势互补，有效解决当地雨洪问题。据此可知，雨水花园被广泛运用在我国城市化进程中，但由于国家提出雨水资源化政策，雨水花园的发展还存在一定上升空间，相关资源配置方式和技术还需要深入开发[96]。

徐玮瞳等[97]认为降雨强度与填料层温度呈负相关，且雨水花园可以在雨水径流温度升高时，对雨水径流热污染情况进行有效控制。研究成果具有价值，但研究因素较单调。

皮尧等[98]针对居住区绿化地，提出了海绵改造方法。通过将下沉式绿地与雨水花园理念进行有机结合，确认再进行海绵改造，应充分考虑当地自然特征，以保证雨水花园的雨水滞留性能。此研究结论对本文研究存在启发作用，但应用性仅限于长江大保护岳阳项目。

王俊岭等[99]认为前池可以有效控制水体污染程度，完善雨水花园的基础性能，但此研究未曾分析前池的具体调蓄能力，是否满足渗流影响下的应用需求。

结合前人研究基础，本研究通过基于海绵城市理念的发展，结合雨水花园建设实例，优化设计流程与目标，将研究重点转移到雨水花园的生态优化配置问题，提升雨水花园的适用性与针对性，促进雨水花园的深入发展。

为有效解决海绵城市的雨水调蓄问题、改善水质，提出海绵城市雨水花园管网生态优化布置方法。此方法采用雨水花园工程措施，从管网生态植物配置、填料配置两种角度，设计海绵城市雨水花园管网生态优化布置方案。

一、海绵城市雨水花园管网生态优化布置

1. 管网生态植物配置措施

根据外围和内部地形的起伏特点，将雨水花园划分为具有明显地形特征差异的种植区，并进行分区种植。一区是雨水花园的核心功能区，位于花园下方，主要用于接收周边的雨水径流，考虑到该地区春夏季降雨较为集中的情况，该

区域可能会间歇性被水淹没，因此，在选择植物时，应特别关注它们的耐涝能力和减少径流污染物的能力；二区介于一区与三区之间，地形起伏变化较大，形成了倾斜的披肩状地貌，在进行植物配置时，需要充分考虑雨水径流侵蚀和积水情况，选择具有良好护坡能力和适应水湿环境的植物，同时，要避免选择过高的植物，以免影响景观效果并导致倒伏；三区作为雨水花园的一个重要区域，包括了堰体和周边相对平整的区域，堰体呈现出垄状的形态，导致雨水在此停留的时间较短，因此相对于其他两个区域而言，三区的水源较为缺乏，而且，它位于雨水花园的外围位置。因此，在进行三区的植物配置时，必须充分考虑到植物的抗旱能力。同时，所选植物还应该能够承受来自周边径流汇集至雨水花园时所带来的冲击。

2. 雨水花园管网生态填料配置方法

雨水花园的人工填料层，可以通过吸附并处理氮、磷、悬浮颗粒等物质，实现污染物的有效控制，具有较强的污染控制效果，在一定程度上优化雨水花园的排水能力。研究中，将分层方法应用在人工填料层，由下至上设置，层次结构为垫层、粒径由小至大的颗粒土壤、植被层。

研究采用可以有效吸附、处理污染物的黄土为实验对象，为土壤中的微生物营造良好的生存环境，保障当地水源质量，且黄土的吸附及处理能力和污染物浓度降低速度呈正相关。为验证实验结果的有效性与全面性，通过选用分层填料开展对比试验，主要选用粒径较大的固体颗粒和微生物含量较多的土壤，有利于优化水力负荷能力，促进实验空间空气流动，并且形成生物膜，保障微生物生长环境。

二、基于 SWMM 模型的雨水花园配置效果分析方法

SWMM 模型可以通过产生污染物或地表径流的雨水分区，根据水循环过程完成当地水资源实际情况的模拟，将模拟结果以多形式输出，保障输出结果可靠性。其中，雨水分区也称为子汇水区，通过在该区域内计算地表径流量，按照区域渗水特性对其进行划分，再对地表与河道的径流量进行计算，验证最终排水口。SWMM 模型 5.0 后的版本新增了 LID 模块，可以通过该模型模拟降水情况，优化 LID 模块的整体设计模式。SWMM 模型结构如图 4-3 所示。

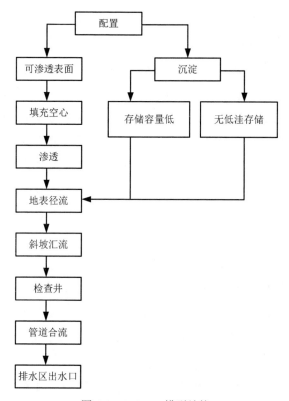

图 4-3　SWMM 模型结构

如图 4-3 所示，模型计算逻辑合理，计算过程严密，可以直接展现形成城市雨洪的过程中。SWMM 模型分别根据不同的模拟过程建立三个模型，分别为降雨、地面径流、管网汇流三种模型。

1. 降雨模型

根据《室外排水设计标准》（GB 50014—2021），实现降水强度计算模型的设计（模型应用芝加哥雨型，使用符合当地防洪标准重现期）：

$$j = \frac{38.3623 + 39.02671gT}{(t + 19.1377)^{0.975}} \tag{4-7}$$

式中：T 为降雨重现期；t 为连续性降雨时段。

2. 地面径流模型

（1）地面产流模型。地面产流模型是适用于雨水从下渗到溢流积水过程的计算，其操作首先是根据不同的土地类型及区域排水走向情况，将研究区分割为多个汇水面，每一个子汇水面又可分为洼蓄量的不透水面积、蓄水量低的透水区域和无低洼蓄水量的透水区三种类型。三种类型的地面的产流单独计算，然后通过加和得出整个子汇水面的总径流量，SWMM 子汇水面模型如图 4-4 所示。

在 SWMM 模型中，雨水分区的特征宽度参数可以在一定程度上影响地表汇流峰值与汇流时间，是产流计算过程中的核心参数，可以有效提升计算结果的精准度。确定该参数的方式主要有面积开方和面积与流长做商两种，但前者主要将雨水分区设定为矩形，计算难度较小，因此本书选用该方式完成特征宽度参数的确定。但在此过程中，需要侧重考虑特征宽度值是否合理，以保障最终计算结果的准确性。

在降雨入渗到非饱和区域的土壤中时，可解释为雨水入渗过程。城市区域的产流机制基于霍顿产流理论的超渗产流；该过程模拟的关键在于计算地面下渗能力。

（2）地面汇流模型。当降雨进行时，在雨水入渗至非饱和区域后，降雨来不及进入土壤时和非饱和区域变为饱和区域后，雨水就会产生地表径流，这就需要地面产流计算过程和模拟。径流概化如图 4-5 所示。

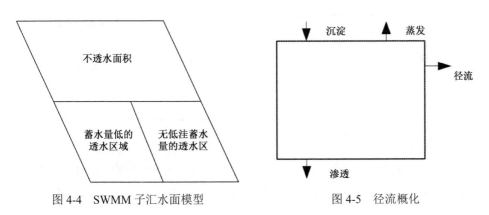

图 4-4　SWMM 子汇水面模型　　　　图 4-5　径流概化

水量和水深是随着时间不断变化的，因此在计算两个变量时，其是根据物质守恒原理进行计算的，即水量平衡。

在城市水文模型的构建过程中，需要侧重考虑城市化进程对地表的影响。实现汇水分区的合理划分与该地水文参数的迅速获取，为模型构建提供数据保障。所构模型中，针对汇流模式及下渗模式的设置，分别选用 OUTLE 模式（集水模式）与 Horton 模式（渗透模式），获取经验性参数与确定性参数作为模型的输出参数。本书将实地考察结果、当地水文部门的实践数据及相关领域已公开发表的研究成果作为模型的输入参数（模型参数如表 4-4 所示），并通过公式（4-8）、（4-9）求解蒸发量、下渗量等结果。

$$\frac{\mathrm{d}U}{\mathrm{d}k} = B\frac{\mathrm{d}k}{\mathrm{d}t} = Bj'' - p_o \qquad (4\text{-}8)$$

$$p_o = U \times \frac{1}{m}(s - s_p)^{\frac{5}{3}} \times R^{\frac{1}{2}} \qquad (4\text{-}9)$$

式中：d、U 为求导与总积水量；k 为城市地表水的深度；B 为模型汇水区的面积；t 为降雨时间；j'' 为表示降雨强度；p_o、m 为径流流量、曼宁粗糙系数；s、s_p 为地表水深、地表蓄水最大深度；R 为汇水区平均深度。

表 4-4　模型参数

参数名称	物理意义	参考值
N-Imperv	不透水层曼宁系数	[0.11,0.24]
N-Perv	透水层曼宁系数	[0.15,0.80]
Destore-imperv	不透水洼地蓄水深度区域/mm	[2.5,4.5]
Destore-perv	渗透面积蓄水深度 0 渗透区域/mm	[2.54,7.62]
Zero-imperv	无洼地和不透水面积的集水区百分比/%	[5,85]
Maxrate	最大入渗率/（mm·h-1）	[25,120]
Minrate	最小穿透率/（mm·h-1）	[1.0,5.0]
Decay	渗透率衰减系数	[2,7]

3. 管网汇流模型

在地面产流传输和储存时，需通过管网汇流，因此在 SWMM 模型中需加入该模拟过程。在 SWMM 模型中，管网汇流模型计算是质量守恒和动量守恒推导得出的。

由于海绵城市的建设速度较快，因此在 SWMM5.0 版本中加入了 LID 模块，即增设了植草沟、雨水花园等设施，其对上述设施的模拟是综合水文和水力模块，并根据水量平衡方法，采用非线性水库法建立相应的数学物理方程获得结果。

具体 LID 设施雨水处理图如图 4-6 所示。

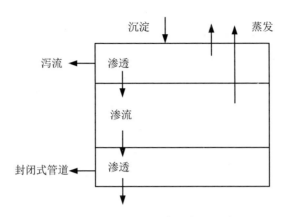

图 4-6　具体 LID 设施雨水处理图

三、实验分析

本文方法使用 SWMM 模型对研究区现有的管网系统进行模拟，研究区域内现有管道过载结果如表 4-5 所示。

表 4-5　研究区域内现有管道过载结果

内容类型	数值/根
过载超过 1h 的管道数量	21
超载管道数量	26
最大流量和正常流量比大于 1 的管道数量	18

如表 4-5 所示，在小渗流情况下，最大流量和正常流量比大于 1 的管道数量为 18 根；过载超过 1h 的管道数量为 21 根。雨水花园在 SWMM 软件中的操作界面如图 4-7 所示，雨水花园在 SWMM 软件中的参数设置如表 4-6 所示。

表 4-6　雨水花园在 SWMM 软件中的参数设置

LID 工具		数值
地面	蓄水深度/mm	210
	植被覆盖指数	0.4
	曼宁系数	0.16
	地面坡度/%	0
路面/土壤	厚度/mm	310

续表

LID 工具		数值
路面/土壤	孔隙率	0.5
	产水能力	0.26
	渗透系数	81
	水力传导系数	10.1
	吸水率/%	71
	渗透率	—
	阻力因素	—
蓄水	海拔	201
	孔隙率	0.76
	水力传导系数	6
	阻力因素	0
封闭式管道	排水系数/（mm·h）	0
	排水指标	0
	偏移高度/mm	0

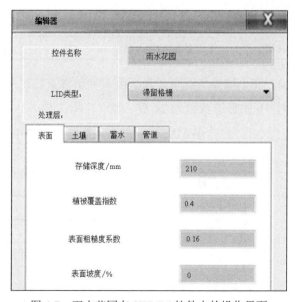

图 4-7　雨水花园在 SWMM 软件中的操作界面

研究区域的雨水花园构造图如图 4-8 所示。

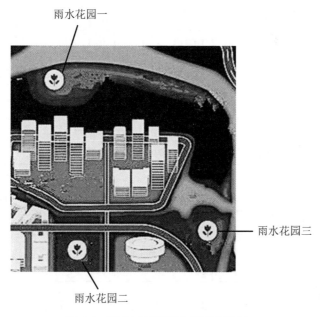

图 4-8　研究区域的雨水花园构造图

雨水花园共布置三个雨水花园，面积分别是 39m²、32m²、39m²。滨河绿地雨水花园的一、二区域，以精心选择具有综合抗旱、耐涝和去污能力的植物进行模式构建。为了确保景观效果出色，选取了佛甲草、铜钱草等典型植物进行配置。这些区域是绿地雨水径流进入雨水花园的第一道关口，因此选择了低矮且耐冲击的植物来进行布局。在二区域，种植了花叶玉簪、花叶芒、狼尾草、晨光芒、细叶芒和斑叶芒等植物。这些植物不仅具有出色的抵抗径流冲击能力，而且为花园增添了更多的色彩和美感。至于一区，则配置了千屈菜和铜钱草，为整个雨水花园增添了别样的风采。雨水花园三属于公园绿地雨水花园，种植植物为吉祥草、斑叶芒、细叶芒、翠芦莉等草本植物。根据植物特点和分区环境对该区域的植物进行合理配置，由于翠芦莉生长适温较高，且耐旱耐湿能力较强，应分布种植在地势较低易产生涝灾的区域（一区）；细叶芒、斑叶芒等植物根系发达，且植株直立，抗倒伏能力、抗侵蚀能力较强，故将其种植在二区；吉祥草具有较强的抗寒能力，植株低矮，应种植在三区。研究区域的降雨情况如表 4-7 所示。

表 4-7　研究区域的降雨情况

操作模式	1	2	3
持续降雨时间/h	3	6	9
降雨量/mm	10.9	30.3	11.1
雨水强度平均值/（mm·h）	0.9	1.7	2.1
渗流模式	小	小	小

在不同降雨历时条件下的应用效果分析如表 4-8 所示。

表 4-8　在不同降雨历时条件下的应用效果分析

降雨历时/h	3	6	9
径流减少率/%	15.29	12.31	11.35
峰值流量降低率/%	11.71	4.02	1.52
洪峰滞后时间/min	11	9	8
流出时间/min	51	141	273

如表 4-8 中数据所示降雨历时分别是 3h、6h、9h，都能削减城市径流量与洪峰量，当降雨历时为 3h，洪峰的滞后时间仅有 11min，当降雨历时为 9h，流出时间最大值为 273min，说明本研究方法具备调蓄能力，但降雨历时会影响本研究方法的使用效果。

以降雨历时 3h 的情况为实验环境，在此情况中，本研究方法使用下，雨水花园对雨水总磷的去除效果分析如表 4-9 所示。

表 4-9　雨水花园对雨水总磷的去除效果分析

时间/h	流入率/mg	流出率/mg	
		使用前	使用后
0.0	160	50	100
0.5	60	10	30
1.0	170	60	90
1.5	100	40	60
2.0	70	20	40
2.5	80	30	50
3.0	30	5	20

如表 4-9 所示，雨水总磷量的出流量都小于入流量，研究方法使用前后，雨水花园出流量存在明显差异。在使用研究方法前，雨水总磷量的出流量小于使用后。本研究方法对雨水总磷量的去除率不小于入流量 1/2，体现了这个研究方法具有较好的生态效应。

为分析此方法的应用效果是否存在可用价值，以徐玮瞳等方法、皮尧等方法、王俊岭等的方法为例，对比四种方法使用后管道超载情况。四种方法使用后管道过载分析如表 4-10 所示。

表 4-10　四种方法使用后管道过载分析

比较的内容	本次研究方法	徐玮瞳等方法	皮尧等方法	王俊岭等方法
过载超过 1h 的管道数量/根	0	15	10	15
超载管道数量/根	0	20	10	20
最大流量和正常流量比大于 1 的管道数量/根	0	10	7	9

分析表 4-10 可知，徐玮瞳等方法、皮尧等方法、王俊岭等方法使用下，研究区域调蓄时，超载超过 1h 的管道数量比本研究方法多，研究方法的调蓄能力相对较好，本研究方法使用后，表内比较内容的结果均为 0。

在小渗流影响下，从管网生态植物配置、填料配置两种角度设计，并利用 SWMM 模型，对管网生态优化布置前后径流量变化、洪峰滞后时间变化、雨水出流时间变化、管道调蓄状态变化进行模拟，分析海绵城市雨水花园管网生态优化布置效果。并通过对比分析，揭示了研究所提方法对海绵城市的调蓄状态、水质均存在改善作用，证实所提方法可为小渗流影响下海绵城市雨水花园改造提供技术支持。

第三节　海绵城市雨水花园植物景观配置设计

雨水花园作为传统的雨水管理措施，是海绵城市和低影响开发体系下的雨水管理设施，具有种植灌木、花、草和树木的景观效果。植物是雨水花园重要组成元素之一，植物能从雨水中吸收生长所需的氮、磷等有机化学物质，吸附水中多种重金属污染物，还能提高蓄渗能力。植物的选择除了考虑景观功能以外，更重要的是考虑哪些植物能在雨水花园的特殊情况下成长良好，最大限度发挥净化功能。研究表明，植物对雨水花园功能发挥着重要作用，合理的植物选择配置是能更好地发挥雨水花园作用，并长期维持雨水花园功能。

植被在雨水花园中展现出了多样的生长形式，在园林景观设计中扮演着至关重要的角色。各个地区拥有不同的植物品种和植物群落，它们的形状、颜色、香气和习性等都是季节性景观的主要特征。除此之外，雨水花园中的植物还能够有效缓解许多环境问题，包括空气净化、水土保持、水源保护以及温度调节等方面。地表植被具备截留和保持降水的功能，通过植物的叶片和根系吸收一部分雨水、露水和雾水，其余的降水则会透过土壤渗透，维持地下水位或补充地下蓄水层的水源。植物对于场地的生态环境有着多种影响，通过植物的呼吸作用，它们能够吸收土壤中的水分，并通过蒸腾作用将其以水蒸气的形式释放到空气中，从而补充空气的湿度。此外，植物还能够改善小气候的条件。

现阶段我国对雨水花园中植物功能的选择、植物的配置、设计方法、植物的渗透净化等方面研究还比较薄弱，在设计、实施过程中如何选择正确的适配植物还缺乏经验，对植物在整个生长期净化效果、景观组织也很模糊，所以雨水花园的推广存在一定限制性。探讨雨水花园植物的选择配置、设计方法、本土植物的适生性研究都对雨水花园的建设具有重要的理论基础意义和工程实践意义。本书就此提出一种基于深度学习的区域雨水花园植物景观配置方法，利用深度学习算法实现植物图像的自动设计，并将算法嵌入移动应用程序中，应用于园林植物景观的配置中。

一、海绵城市雨水花园的植物景观配置设计

1. 雨水花园植物景观配置设计原则

在雨水花园选择植物时以本地植物、乡土植物为主，适当引进一些外来植物；在植物种植中以多年生植物为主，且植物满足耐涝、长时间耐寒等特点，植物的搭配季节分明，感受自然的乐趣；根据现场条件，科学合理的配置植物景观。通常在种植植物的时候考虑植物对环境的适应性，如水、光、土壤、养护等环境的适应性。

（1）水适应性。每种植物都有一定的水适应范围，雨水花园对植物的水适应性要求在雨水多的时候能耐水耐涝耐淹，雨水少或者干旱的时候能耐旱，并且还能净化水，耐受水体污染。水生植物根据对水流速度、水质、水深要求的不同，其生长在水中的位置也不一样，分为挺水植物、浮水植物、沉水植物。

水生植物对水多少耐受性是较高的，但是对于挺水植物、浮水植物而言水深超过一定的限度，也会产生影响。雨水花园中虽然根据雨水利用用途不一样允许有一定的淹水深度，但是为了避免安全隐患和蚊虫，一般要求 24h 安全下渗集雨水。

雨水花园植物管理应减少人工补水，在长时间无降雨的情况下雨水花园植物对水的需求有一个耐受范围，经过长时间选择适应后，存活的乡土植物能较好的适应当地气候，因此雨水花园中的植物多选择本土植物，这样耐旱性会更强。

大多数的水生植物对雨水中的污染物有很好的吸附效果，因此在选择植物的时候先分析雨水中的污染物成分，采用耐污和降污能力强的植物能更好的应对雨水污染。

（2）光的适应性。研究表明，植物可以通过改变形态和生理结构来改变对光的适应性。不同类型、不同品种的植物对光的适应性也有差异，通常分为阳性植物、中性植物、阴性植物。雨水花园在选择植物时应根据场地光环境的特点，选择植物应适合光环境需要，例如阳性植物在全光照和强光下长势良好；阴性植物不能忍受强光，在弱光照下长势良好；中性植物介于阳性和阴性植物之间，一般对光的适应范围较大。

（3）土壤的适应性。土壤是植物生长和发育的基础，是由颗粒状矿物质、有机物质、水分、空气、微生物等组成。土壤的成分和植物的生长有关，很多植物喜欢酸性土壤，可以增加有机肥改善土壤；对土壤水、肥要求不高的植物对土壤的适应性更高。雨水花园的植物应能耐贫瘠土壤，还能吸附和降解土壤中的污染物。

（4）植物养护。雨水花园的植物应以粗放放养管理为主，还应具有不生蚊虫、不与周边植物相克、生长速度较慢的特点。

2. 不同区域雨水花园植物景观配置设计

雨水中所含的污染物有悬浮物、有机污染物中的化学需氧量（Chemical Oxygen

Demand，COD)、氯、总磷、溶解磷、总氮、铵态氮、总铁等，最主要是 SS 和 COD，这些污染物其特点如下：污染物的变化范围广泛且具有较强的随机性。降雨时间的增加可导致污染物浓度下降，尤其是初始雨水的质量较差，其中 SS、COD 等指标严重超标。铅、锌与 SS 之间存在良好的线性关系，SS 不仅是污染物本身，还为其他污染物提供了附着的表面条件。研究显示，在水的净化能力方面沉水植物一般表现较弱，净化能力的大小顺序：沉水植物＜浮叶和浮水植物＜挺水植物，雨水花园具有脱氮除磷功能的水生植物如表 4-11 所示。

表 4-11　具有脱氮除磷功能的水生植物（不完全统计）

植物类型	植物名称
挺水植物	水芹、灯心草、菖蒲、美人蕉、水洋葱、菖蒲、黄菖蒲、香蒲、千屈草、扁茎荐荐草、再力花、纸莎草、苔草、芦竹、梭子草、茨菇草、石龙尾、泽泻、酢浆草、凤车草、香根草、阔叶香蒲、芦苇、金合欢、鸭粟米、泰国香米、野生稻、象草、风车草
浮水植物	睡莲、黄花水龙、金银莲花、苦参、水龟、睡莲、满江红、紫萍、凤眼莲、软水草、委陵菜
沉水植物	角藻、苦草、菹草、黑藻、狐尾藻

适合雨水花园种植的陆生植物如表 4-12 所示。

表 4-12　适合雨水花园种植的陆生植物（不完全统计）

植物类型	植物名称
乔木植物	香樟、广玉兰、悬铃木、枫香、水杉、枫杨、南川柳、杨柳、合欢、朴树、乌桕、龙柏、圆柏、杜英、女贞、三角枫、垂柳、芙蓉、椿树、榕树、罗汉松、棕榈、栾树、旱柳、河柳、池杉、落羽杉、白桦、枸树、毛白杨、白蜡树、小叶杨、樱花、文冠果、湿地杉、榆树、槐树、枇杷、龙柏、大叶女贞
灌木植物	芭蕉、木槿、冬青、八角金盘、凤尾兰、结香、连翘、玉簪、大叶黄杨、紫荆、红叶李、月季、巴西铁树、朱蕉、龙舟花、迎春、红皮柳、沙地柏、小叶石楠、平枝栒子、棣棠、天目琼花、紫穗槐、胡枝子
草本植物	细叶芒、蒲苇、吉祥草、麦冬、斑叶芒、野牛草、高羊茅、土麦冬、结缕草、野古草、须芒草、狼尾草、黑麦草、萱草、马蔺、蛇莓、狗牙根、马蹄金、花叶燕麦草、细叶针茅、水鬼蕉、香彩雀、四季秋海棠、马齿苋、金叶苔草、棕叶苔草、青绿苔草、八宝景天、雀稗、鸢尾

（1）湿润地区的植物景观配置。由于潮湿地区降水量丰富，会形成一定的集水区域，因此，在考虑去污问题时，应特别关注湿地植物和水生植物的处理能力。在这样的湿润环境中，菖蒲和象草对氮的除去效果最为出色，而风车草和菖蒲则在磷的去除方面有着卓越表现。湿润地区种植的植物还需要考虑耐旱性和观赏性，例如：菖蒲、象草、风车草、香蒲、泰国香米、山药、春山药、梭子草、八宝景天等也适宜在该地区种植。湿润地区的陆生植物也尽量搭配去污能力强的植物，它们对二氧化硫（SO_2）具有吸附作用；而抗氟氧化合物的植物考虑小叶榕、香樟、栾树等，抗氯气的椿树、白蜡树、杨树等。

通过合理的植物配对方案，根据各种植物的不同净化效果，能够显著提升植物的净化能力。举例来说，那些拥有强大根系和良好运氧能力的植物，被认为是最佳去除水体 COD 和氮的选择；而在处理氮、磷、重金属离子等污染物方面，则需要选择生长迅速且积累能力强的植物。因此，在进行植物的配套设计时，考虑到不同的净化需求，选用适合的植物搭配方案非常重要。由于城市空气中污染物种类繁多，所以城市降水的组成变得极为复杂。因此，在选择植物时，需要考虑不同根系生长深度的植物，以便更全面地处理雨水。植物的密度与雨水径流的入渗时间成正比，增加植物密度可以减缓径流速度，同时也能提高净化效果。

（2）半湿润地区植物景观配置。根据当前已有的雨水花园实践来看，在冬季，我国大部分地区的湿地植物面临着死亡的问题。这种死亡问题的根源在于目前主要采用了单一的草本水生植物种类，如芦苇、美人蕉、风车草、香蒲、水洋葱、水斧、姜花、菖蒲和梭子草等。在寒冷低温的冬季季节里，大多数草本植物无法避免地死亡。因此，在该地区选择具有耐寒性的湿地植物是至关重要的，因为冬季植物效应的丧失将会影响冬季雨水花园的水质净化和景观效果。为此，需要更加注重耐寒性的选择。根据研究，湿地植物的净化能力可以被划分为三个主要类别。第一类植物拥有极强的净化能力，其中包括美人蕉、芦苇、风车草等；第二类植物则具有中等水平的净化能力，如野葛根、芦竹和梭子草等；第三类植物的净化能力相对较弱，包括野生稻、莺尾、灯心草等。通过引入这些湿地植物，可以有效地提高水域质量，促进生态系统的正常运行。

半湿润地区对径流控制植物的选择主要考虑其抗寒性、抗旱性、水湿性和深层根系，如垂柳、水杉、小叶杨、枫杨、刺柏、金叶女贞树等，陆生植物可以选择高羊茅、黑麦草、鸢尾等。

（3）半干旱、干旱地区的植物景观配置。由于半干旱地区的降雨不适合收集雨水，水质的净化主要是通过乔木、灌木和陆生植物在径流入渗过程中对雨水进行净化，所以选择植物的时候需要考虑旱生植物的净化效果。同时，大多数植物不适合在冬季生存，为了确保冬季净化效果的实现，需要合理搭配不同种类的常绿植物，以既能达到净化功能，又能呈现出美丽的景观效果。在干旱地区，可以考虑选择具有吸附重金属元素的垂柳、水杉、三角枫、紫荆花和小叶黄杨等，提高净化效果。

二、基于深度学习算法的植物景观特征参数计算

1. 深度学习算法的概念

深度学习（Deep Learning，DL）是机器学习（Machine Learning，ML）领域中一个新的研究方向，DL受人脑的启发，采用多层互联的人工神经网络算法。

在雨水花园植物配置设计中可以利用深度学习算法实现植物图像的自动设计，并将算法嵌入移动应用程序中，应用于园林植物景观的配置[100-102]。

2. 植物景观数据采集与预处理

首先，拍摄1000种常见的园林植物来收集数据，因为植物的形状、颜色、质地在不同的时期会发生变化，所以要选择春、夏、秋、冬四季的多云晴天，每天拍摄每株植物50张照片，一共拍摄$1000 \times 4 \times 2 \times 50 = 40$万张原始照片。然后请景观植物专家对原始照片进行筛选，剔除不符合要求的照片，对每张照片进行标记，最终形成1000种植物的约30万张照片，这些照片以JPEG格式存储在硬盘上，每个植物标记一个植物的名称，形成目录。

标记数据分为三个集：训练集、验证集和测试集。训练集占总数据的60%，用于训练深度学习模型；验证集占总数据的20%，用于调整超级参数；测试集占总数据的20%，用于评估训练结果。

由于数据集有限，训练过程中可能会出现过拟合，导致泛化性能较差。为了减少在神经网络训练过程中产生过拟合现象，可以对数据进行预处理。通过预处

理，能够从训练集数据中生成更多的数据，增加样本的多样性。预处理过程包含以下五个步骤，每个步骤都有随机生成的参数。

步骤 1：图像旋转。随机生成旋转中心和旋转角度来进行图像的旋转操作。这样可以使得训练数据中的图像在不同的角度下呈现，增加模型对于旋转变化的鲁棒性。

步骤 2：图像裁剪。随机选择裁剪区域的位置，并将裁剪后的图像大小设置为原始图像的 80%。这样可以在训练过程中引入不同尺寸的图像，提高模型对于尺度变化的适应能力。

步骤 3：图像镜像。通过随机选择镜像方式，将图像进行翻转操作。这可以增加训练数据中的镜像变化，提升模型对于镜像变换的识别准确率。

步骤 4：校正。对 RGB 三个颜色通道中的每个通道都进行校正。通过对每个通道的校正操作，可以增加训练数据的颜色变化，提升模型对于颜色变换的鲁棒性。

步骤 5：高斯白噪声。添加高斯白噪声 $N(\mu, \alpha^2)$，其中（$\mu = 0$，$\alpha = 10$），最后，将数据格式化为一个张量。

3. 计算植物景观特征参数

深度学习通过可分离卷积的方式，将标准卷积分解为深度卷积和 1×1 逐点卷积两种形式。深度卷积对每个输入通道使用单一的滤波器进行滤波，而逐点卷积则通过运用 1×1 的卷积操作将深度卷积产生的输出进行组合。可分卷积实际上是将卷积操作拆分为两个层次的处理过程，这种分解方法能够有效地降低计算量并减小模型的大小。将卷积核设为 k，卷积核大小的计算公式：

$$K = D_k \times D_k \times M \times N \tag{4-10}$$

式中：D_k 为卷积核的空间维数；M 为输入通道数；N 为输出通道数。

植物景观输出特征参数：

$$G = \sum K_{ij} \times F_{k+i-1,\ l+j-1} \tag{4-11}$$

式中：i、j 为输入空间维数；K 为空间维度常数。

植物景观深度学习卷积特征参数的计算公式：

$$G_T = \sum K_{ij} \times i \frac{F_{k+i-1,\ l+j-1}}{j} \tag{4-12}$$

$$i = \frac{K_{j+1}}{D_k} \times F_{k+i-1} \qquad\qquad (4\text{-}13)$$

$$j = \frac{K_{j+1}}{NG} \times F_{k+j-1} \qquad\qquad (4\text{-}14)$$

深度学习中，深度卷积的输出通过卷积进行线性组合，这使得大多数问题难以计算出全局最优解。因此，通常会采用迭代优化方法来计算局部最优解。将深度学习技术应用于植物景观配置与训练中，就可以利用大量的标注数据，不仅有效解决植物景观配置中物种数量的识别，还能极大地提高雨水花园中植物景观配置的效率。

三、耐涝实验和分析

1. 实验准备

为了验证本研究提出的基于深度学习的具有区域特征雨水花园植物景观配置方法的有效性，进行了以下实验：本试验选用常见的 8 种雨水花园地被植物，分别属于 8 种科目 8 种属性，8 种常见地被植物如图 4-9 所示。草本植物有 4 种，分别为水鬼蕉、香彩雀、四季秋海棠、马齿苋；灌木有 4 种，分别是巴西铁树，朱蕉，龙舟花，木槿花。草本植物为生长半年的苗，灌木为生长 1～2 年的苗。实验所用的植物为市场采购，生长良好，无病虫害、均匀性好的苗木，苗木栽种在塑料花盆中，花盆高 200mm，底部直径 150mm，种植土为黄土和泥炭，采用盆栽治水法进行了耐涝试验。从 2019 年 6 月 10 日起，将植物和花盆置于大型塑料花盆中，以花盆上边缘上方 20mm 的水面为基准，每六天换一次水，分别在淹水胁迫的 0 天、7 天、14 天、21 天、28 天时，观察植物的形态变化和生理指标，每个指标重复 3 次。每 7 天记录其在胁迫期内开花、叶子发黄和新叶发芽等生长情况。在此期间，随机选取生长正常、大小相同的叶片进行取样，用 OPTI-SSCIENCESOS1p（光学科学）荧光计测定了植物叶片的 PSII 原始光能转换效率（Fv/Fm）值，根据饱和含水量法测量叶片的相对含水量，电导率测量相对电导率，硫代巴比妥酸法测定丙二醛（Malondialdehyde，MDA）含量，磺基水杨酸法测定脯氨酸含量。采用单因素方差分析软件（Statistical Product and Service Solutions，SPSS）对所得数据进行统计分析，获取了各个生理指标的平均值、标准差以及差异的显著性。为了更直观地展示结果，利用 Excel 软件进行图表绘制。此外，运用主成分分析方法计算了综合指标的贡献率，以提供更全面的信息。同时，采用隶属函数法计算了综合指标的隶属函数值，进一步深入分析综合指标的特征和变化规律。最后计算综合评价指标 D 值，综合评价 8 种植物的耐涝性。

（a）木槿花

（b）水鬼蕉

（c）香彩雀

图 4-9（一） 8 种常见地被植物

（d）四季秋海棠

（e）龙舟花

（f）巴西铁树

（g）马齿苋

图 4-9（二）　8 种常见地被植物

（h）朱蕉

图 4-9（三） 8 种常见地被植物

2. 结果分析

设置本研究提出的基于深度学习的区域特色雨水花园植物景观配置方法作为实验组，传统景观配置方法为对照组，两种方法的植物耐涝指数 D 值如表 4-13 所示。

表 4-13 两种方法的植物耐涝指数 D 值

植物种类	实验组	对照组
木槿花	5.034	2.058
水鬼蕉	8.549	3.649
香彩雀	8.319	6.157
四季秋海棠	10.057	6.199
龙舟花	12.308	9.628
巴西铁树	6.628	3.336
马齿苋	7.023	4.152
朱蕉	4.168	2.058

本研究提出的基于深度学习的区域特色雨水花园植物景观配置方法对不同类型植物景观的耐涝指数 D 值均高于传统配置方法，说明植物景观凋落物较少，雨水花园植物景观生长良好，在管理雨水的同时美化环境，促进生态平衡发展。

从深度学习的角度对具有区域特色的雨水花园设计进行研究，将深入探讨雨水花园设计中景观环境建设的方法和应用，以期解决当前此领域存在的问题。首先，全面分析雨水花园设计所受到的影响因素，进而详细研究这些因素与雨水花园设计之间的关联性。为雨水花园的合理设计打下坚实的基础，从而提高其实际应用价值。从植物配置原则、耐涝性计算、植物配置方案等方面，对植物景观引导的雨水花园进行设计，该方法和途径对区域雨水花园的景观配置具有重要的实践意义。

第四节　海绵城市雨水花园水循环景观设计

水资源是基础自然资源，在城市化的进程中，人类活动大大改变了各种资源的利用情况，要倡导节约水资源，提升雨水的利用率。相关学者对海绵城市雨水花园的水循环景观设计，取得了一定的进展[103-105]。

Gui Y 等[106]提出了基于 LID 概念的农村雨水利用景观设计方法，结合农村地形和环境，优化雨水生态，结合储水沟的使用形成生态水循环，在农村居住区修建屋顶花园，改造景观生态蔬菜园，改造透水庭院，并进行景观设计。通过技术与艺术的巧妙结合，实现农村雨水收集、径流减缓、净化渗透、农业应用等景观设计，满足家庭用水和绿色灌溉的需求，同时提高农村景观的环境质量。通过采用低影响开发雨水景观设计，突出农村景观生态的可持续发展。Wang R 等[107]提出了基于生态自然环境的雨水回用景观设计方法，通过实践优化雨水管理与环境景观的结合，为雨水管理与居住区环境景观的有机结合提供了具体方案。Luo G 等[108]提出了计算机模拟和高精度视觉匹配技术在绿色城市园林景观设计中的应用，选择斑块面积、景观百分比、斑块数、最大斑块指数和平均斑块面积作为浏览指数。利用层次分析法计算上述景观指标的权重，并利用匹配检验对判断结果进行更改和调整。结果表明，所提出的三维仿真模型具有良好的视觉效果，能够清晰地反映景观设计的所有设计元素，其高精度和高收敛速度可以有效地应用于城市景观设计。

以上方法能够提升城市雨水利用率，但是径流污染物削减率较低，本研究为解决居住区雨水问题提供了建议，为缓解城市内涝问题提供了新思路。通过对景观设计中雨水回用的研究，对海绵城市雨水花园的水循环景观进行设计，促进其在实践中的蓬勃发展。

一、海绵城市雨水花园地理数据可视化

1. 确定海绵城市降雨及时间序列

建设海绵型居住小区，可以加大透水面积，减少雨水径流量，从源头上控制由于雨水冲刷而造成的面源污染。建设海绵型居住小区的意义有多方面，它作为对海绵城市理念的理论实践，不仅是规划设计与雨洪管理相结合的产物，还是在海绵城市理念指导下，促使建筑、景观达成最优化管理的方法[109-112]。海绵型居住小区是具有功能性、景观性和适用性等多方面价值的自然协调的居住小区，在未来的城市建设中，海绵型居住小区的建设是对生态发展平衡的有效实践。

根据《室外排水设计标准》，并结合研究区域（四川省宁南县）各分区的功能和防洪布局，初定研究区雨水管道的设计重现期为 1~3 年（小时降雨），局部地区可根据自身发展的需要进行适当调整。因此，确定管道的重现期为 $p=3a$，研究采用芝加哥雨型来进行雨量分配，并生成降雨过程线。

研究区的暴雨强度公式：

$$q = \frac{3306.63 \times (1 + 0.82011 \log p)}{(t + 18.99)^{0.7735}} \tag{4-15}$$

式中：q 为设计降雨强度 $[(L/s)/hm^2]$；P 为设计重现期；t 为降雨历时（min）。

2. 海绵城市雨水花园空间雨洪分析

在开展海绵城市雨水花园空间雨洪分析模块之前，必须首先辨别与自然环境相关的要素。这包括但不限于气候特征、城市内部的地形地貌、各个地区的水文土壤条件以及土地类型等方面[113]，以更准确地构建水文径流模块。降雨强度的公式：

$$Q_{hm} = \frac{2677 \times (1 + 0.659 P_{jy} g_c)}{(T_r + 9)^{0.725}} \tag{4-16}$$

式中：Q_{hm} 为针对雨水花园下暴雨强度所设定的一项标准指标；P_{jy} 为该区域平均暴雨强度；g_c 为表示暴雨常量，一般取值为 1、2、3、4；T_r 为每年的日均暴雨时间，单位为 min。

在确定自然环境数据体系之后，还需要计算海绵城市雨水花园内部的年径流控制总量[114-115]，特别是需要评估年径流量控制率。

$$a_n = \left(1 - \frac{Q_z}{10 \cdot S_z \cdot P_{jy}} \right) \times 100\% \qquad (4\text{-}17)$$

式中：a_n 为年径流总量下的控制率；S_z 为研究区雨水花园的总面积，单位为 m²；Q_z 为该雨水花园内部一年的径流总量；P_{jy} 为降雨强度，单位为 mm。

利用 ArcGIS 进行缓冲区分析和空间叠加计算，能够评估和供应海绵城市雨水花园的水资源。为了实现这一目标，在确定年径流总量后，通过建立矢量数据，包括自然设施和人工设施，可以将海绵城市雨水花园的各项要素进行评价和分析[116]。其中，对下垫面的分析和处理是海绵城市雨水花园水循环景观设计的核心。通过建立水文和土地覆盖的信息化系统，整体控制海绵城市雨水花园的环境。综合分析水和土地道路的边界特征，特别是涉及湿地、河流、湖泊和地下水径流的土地类型[117]。随后，可采用层次分析方法来建立一个全新的雨洪空间评价体系。该体系将综合考量该区内降水存储、土壤雨水渗透、河道汇流等数据，并且引入雨洪分析模块。在这个评价体系中，通过多个因素的权重比较，为该区内的雨洪问题提供综合评估。

3. 海绵城市雨水花园地理数据可视化模块

在设计海绵城市雨水花园的水循环景观时，必须根据实际情况进行详尽分析，海绵城市雨水花园水循环景观设计实现路径如图 4-10 所示。

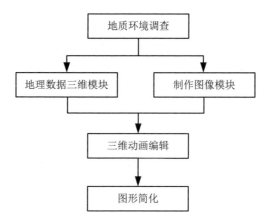

图 4-10　海绵城市雨水花园水循环景观设计实现路径

根据图 4-10 所示，首要任务是详细勘察海绵城市雨水花园的地质环境，分别测定水文、地质、气候、土壤等参数。随后，需要建立一个 3D 模块来展示这些地理数据。为了实现海绵城市雨水花园的设计，还需要将智能个体环境模块输入到计算机软件中，并利用相关的 3D 软件进行动画编辑工作。最后，工作人员将基于此设计海绵城市雨水花园水循环景观[118]。

二、海绵城市雨水花园的水循环景观设计

1. 雨水花园海绵体结构组成设计

雨水花园的组成包括：蓄水层、覆盖层、植被及种植土层、人工填料层、砂层和砾石排水层。蓄水层具体厚度可根据现场场地特性与降雨特征进行适当调整；覆盖层可选用树皮、砾石等作为覆盖材料，其厚度一般为 50～80mm，覆盖层的主要作用是保护土壤[119]；植被及种植土层一般选用红壤，其厚度 250mm 左右；填料层是雨水花园净化水体的关键层，选用的材料要求净化能力强，厚度一般为 0.6～1.2m；砾石排水层是由砾石和穿孔集水管组成，选用的砾石规格一般是直径为 20mm，厚度为 200～300mm，穿孔集水管可选用直径为 100mm 的 PVC 穿孔管。雨水花园的优缺点如下。

（1）优点：对悬浮颗粒物、重金属、氮、磷、病原体等去除率较高；非常适用于城市新开发区域；每个独立单元对占地面积要求较低，但可通过单元组合处理较大汇水区域的径流量；与自然景观的融合度高。

（2）缺点：各独立单元一般只能处理小面积汇水区所产生的径流；对生活垃圾、动物排泄物和枯枝败叶的清除频率要求高；上层土壤易板结，即使更换表层土仍易发生该问题；对植被和保根层维修频率要求高；对土壤的排水性能要求较高[120]。植被和土壤中的种植土层，由于其渗透系数、孔隙率等参数的差异，可以被划分为砂土、壤土、粘土或混合土壤。这些土壤类型具有不同的特征和组成。不同种类的土壤具有不同的特征，不同类型土壤的特征分析如表 4-14 所示。

表 4-14　不同类型土壤的特征分析

土壤类型	K	$\varPsi$	ϕ	FC	WP
砂土	4.74	1.93	0.437	0.062	0.024
壤质砂土	1.18	2.4	0.437	0.105	0.047
砂质壤土	0.43	4.33	0.453	0.19	0.085

土壤类型	K	Ψ	φ	FC	WP
壤土	0.13	3.5	0.463	0.232	0.116
粉质壤土	0.26	6.69	0.501	0.284	0.135
砂质粘壤土	0.06	8.66	0.398	0.244	0.136
粘质壤土	0.04	8.27	0.464	0.31	0.187
粉质粘壤土	0.04	10.63	0.471	0.342	0.21
砂质粘土	0.02	9.45	0.43	0.321	0.221
粉质粘土	0.02	11.42	0.479	0.371	0.251
粘土	0.01	12.6	0.475	0.378	0.265

表中：K 为饱和导水率（in/hr）；$Ψ$ 为吸上水头（in）；$φ$ 为孔隙率（分数）；FC 为产水能力（分数）；WP 为萎缩点（分数）。

种植土层的厚度根据所选植物而有所不同。在种植草本植物时，建议使用200～300mm 厚度的种植土，这样可以为植物提供足够的生长空间。而对于种植灌木来说，我们则需要更厚的种植土层，一般建议在 500～800mm。通过研究相关文献和植物景观配置方面的研究，优先选择根系发达、生物量大且净化能力强的植物。这些植物在土壤中扎根深入，能够提供更好的稳定性和养分吸收能力，同时它们也能更有效地净化周围环境。由于天气难以预测，雨水花园中的植物会经历丰水期和枯水期两个阶段。同时，流入雨水花园的径流中污染物的浓度相对较高。因此，在设计和研究雨水花园时，我们需要选择抗旱的多年生草本植物或灌木，并优先考虑使用本地乡土植物。在填料层方面，植物的厚度应在 200～500mm 之间。沸石是一种填料材料，它在延缓洪峰流量、减少污染物浓度、提高渗透能力和蓄水能力等多个方面都表现出良好效果。因此，沸石被认为是雨水花园填料层的最佳选择。

高效的砾石排水层很重要，它不仅可以将经过上层的收集和过滤的一部分雨水引导到土壤中补充地下水，还能够有效处理超过最大径流处理容量的雨水。如此一来，就不会出现过量的雨水滞留而导致水患问题。一般而言，为了确保良好的排水效果，砾石排水层的厚度应在 200～500mm 之间。此外，所选用的填料应为粒径在 10～20mm 之间的砾石。值得一提的是，除了主要的结构层外，在雨水花园的入口处还可以设置预处理设施，例如环形边坡或砾石组成的设施。这些设施的作用在于预先处理雨水，防止其中的悬浮颗粒进入填料层或砾石排水层。当施工条件等因素限制时，土工布也可以作为替代品。通过采取这些措施，我们能够确保雨水花园的正常运行，达到排水和净化雨水的目的。

2. 作物系数法计算蒸散发量

采用作物系数法，对主城区东南区域的雨水花园下的蒸散发量进行了测算，并与无雨水花园情况下的蒸发量进行对比分析，评估雨水花园的蒸散效应。在研究中，假设雨水花园均采用开敞型设计，植被覆盖为单一草坪。通过作物系数法计算蒸散发量，同时根据降雨量计算非透水面的蒸发。这样，能够得出雨水花园对蒸散发的影响。

（1）不透水面的蒸发计算。蒸发过程分为两部分，即雨期蒸发和雨后截留水分的蒸发。在无雨期，蒸发量为零。由于降雨过程中空气湿度达到饱和状态，雨期蒸发量较小，可以忽略不计。对于雨后截留水分的蒸发，会考虑不透水面的产流特征和洼地储蓄进行精确计算。不透水面的月蒸发量：

$$E_{ye=C\times n+p} \tag{4-18}$$

式中：E_{ye} 为区域内月蒸发总量（mm）；n 为每月场次降雨大于 C 的次数；C 为不透水面的蒸发临界指标（mm）；p 为每月场次降雨小于 C 的雨量总和（mm）。

根据相关文献调查，了解到不同类型建筑物的屋顶材料具有不同的径流系数（C 值）。例如，瓦屋顶的 C 值为 1.9mm，而水泥楼顶的 C 值为 1.7mm，沥青路面的 C 值为 2.3mm。然而，在确定降雨量的时候，还需要考虑研究区域的降雨特点。基于这些特点的研究结果，选择了 C 值为 2.0mm 作为计算降雨量的标准。对于汛期，以每隔 6h 为一次降雨场次进行计算；而非汛期，则以降雨日数来计算。通过这样的方式，可以更准确地估算出降雨对于建筑物和道路的影响。

（2）透水面的蒸散发计算。通过采用作物系数法来计算透水面的蒸散发量。

步骤 1：计算参考作物的蒸散量（ET_0），基于以下假设条件下的参照作物蒸散速率：作物高度为 0.12m，固定叶面阻力为 70 s/m，反射率为 0.23；

步骤 2：根据具体作物种类和土壤水分情况乘以相应的修正系数，从而得到透水面的实际蒸散发量。

通过以上计算方式，可以准确评估透水面的蒸散发情况。

彭曼公式（Penman-Monteith formula，PM）是一种广泛应用于全球各地的参考作物蒸散量计算方法。该方法具有高精度，在不同气候地区均得到了广泛应用。联合国粮食及农业组织（Food and Agriculture Organization of the United Nations，FAO）强烈推荐采用该方法来计算 ET_0。要注意，使用该方法需要大量的气象资料，在气象数据充足的情况下使用效果更佳。

$$ET_0(PM) = \frac{0.408\Delta(R_n - G) + \gamma\dfrac{900}{T+273}u_2(e_a - e_d)}{\Delta + \gamma(1 + 0.34u_2)} \tag{4-19}$$

式中：$ET_0(PM)$ 为参考作物蒸散量（mm/d）；R_n 为地表净辐射（MJ·m−2·d−1）；Δ 为饱和水汽压与温度的关系曲线的斜率（kPa·℃−1）；G 为土壤热通量（MJ·m−2·d−1）；T 为平均温度（℃）；γ 为湿度表常数（kPa·℃−1）；u_2 为 2m 高处的风速（m/s）；e_d 为实际水汽压（kPa）；e_a 为饱和水汽压（kPa）。

公式中各个参数的计算方法详见参考文献。

（3）实际蒸散量（ET_a）计算。ET_a 通过参考作物蒸散量间接计算：

$$ET_a = K_s \cdot K_c \cdot ET_0 \tag{4-20}$$

式中：K_s 为土壤水分修正系数；ET_a 为实际蒸散量（mm/d）；K_c 为作物系数；ET_0 为参考作物蒸散量（mm/d）。

建立回归方程：

$$ET_a(HG) = 0.8056ET_a(HG)' + 0.0501 \tag{4-21}$$

式中：$ET_a(HG)'$ 为修正前的计算值（mm/d）；$ET_a(HG)$ 为采用 HG 公式（回归公式）修正后的结果（mm/d）。

三、方法

1. 实验准备

在进行实验之前，对雨水花园场地进行了常规景观改造。利用降雨动画模拟和交互按钮展示地下排水系统在场地内的状况。这对于设计海绵城市雨水花园水循环景观提供了重要的依据。根据场地分析报告和设施改造的主要原则，结合每种海绵景观设施的独特特点和适用范围，选择了最适合场地的海绵景观设施。针对雨水系统的不同流程路径，进行分段模拟，并对海绵景观设施在雨水渗透、溢流、截污、净化等生态调蓄方面的效果进行详细分析。通过这些分析，我们能更好地了解海绵城市雨水花园水循环景观设施的工作原理。

2. 实验指标选取

雨水利用率的表达式:

$$W = \alpha\psi HA \tag{4-22}$$

式中: α 为季节折减系数; ψ 为综合径流系数; A 为汇水面积; H 为多年平均降雨量。

径流污染物削减率的表达式:

$$R = \frac{(A-B)D}{H} \times 100\% \tag{4-23}$$

式中: A 为进水口污染物浓度; D 为当天水量; B 为出水口污染物浓度。

利用 3 个重要指标进行设计前后的效益评估: 径流总量控制率、雨水利用率和径流污染物削减率。通过对比这些指标, 可以验证设计方案的合理性。

四、实验测试结果

1. 径流总量控制率

对比本研究系统设计前后的径流总量控制率, 径流总量控制率分析图如图 4-11 所示。

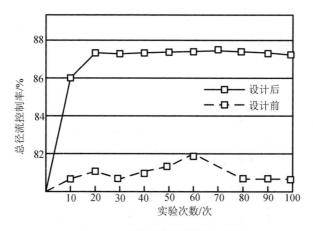

图 4-11 径流总量控制率分析图

根据图 4-11 的数据, 这项研究设计的雨水花园在控制径流总量方面表现出色, 高达 87% 的控制率。相比之下, 设计前径流总量的控制率仅有 82%。这一差距说明本文所介绍的雨水花园的设计具有较高的效果, 能够有效地控制径流总量。

2. 雨水利用率

雨水利用率是评价雨水利用总量的重要指标，雨水利用率对比结果分析如表 4-15 所示。

表 4-15　雨水利用率对比结果分析

实验次数/次	本研究设计前/%	本研究设计后/%
10	81.2	98.2
20	80.3	91.2
30	81.6	94.5
40	81.6	91.6
50	83.6	97.6
60	84.2	92.6
70	85.2	94.4
80	86.3	93.8
90	84.5	98.1
100	88.9	98.4

经过分析表 4-15 的数据可得知，研究设计前的雨水利用率最大仅为 88.9%。然而，通过研究设计后的改进，雨水利用率显著提高至最高达 98.4%。这一结果彰显出本次研究设计的雨水花园水循环景观设计具有较高的雨水利用效率。

3. 径流污染物削减率

对比本研究系统设计前后的径流污染物削减率，径流污染物削减率对比结果分析图如图 4-12 所示。

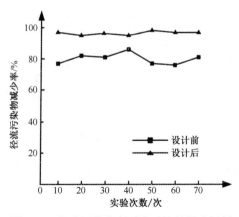

图 4-12　径流污染物削减率对比结果分析图

根据图 4-12 的数据显示可知，在研究设计实施之前，径流污染物的削减率最高仅为 85%。然而，研究设计实施之后，径流污染物的削减率可以达到 100%。这说明设计的雨水花园具有较高的径流污染物削减率。通过对比，可以清晰地看到该设计的卓越性能。

五、不同种植土土壤配比的雨水花园"渗""滞""蓄""净"效果模拟分析

1. 雨水花园 LID 参数设置

雨水花园为研究区域的渗透、滞留、蓄水和净化效果提供了最佳解决方案。土壤中，砂土被证明是最具优势的选择。然而，在实际工程建设中，需要考虑雨水花园不仅要在径流控制和污染物去除方面发挥作用，还要考虑其他方面的水文效益，例如水的蓄存等。因此，为了实现雨水花园的最佳效果，种植土一般采用多种不同土壤配比混合使用。基于此，本研究进行了 15 组不同土壤配比的雨水花园配置，包括砂土、壤土和粘土的混合比例。旨在探究不同土壤配比的雨水花园对研究区域水文水质的变化影响。通过这项研究，希望找到最适合特定环境条件的土壤组合，以最大限度地提升雨水花园的整体综合效益。

雨水花园土壤配比如表 4-16 所示。

表 4-16　雨水花园土壤配比

编号	砂土/%	壤土/%	粘土/%
1 号	80.00	0.00	20.00
2 号	80.00	10.00	10.00
3 号	80.00	15.00	5.00
4 号	70.00	0.00	30.00
5 号	70.00	10.00	20.00
6 号	70.00	20.00	10.00
7 号	60.00	0.00	40.00
8 号	60.00	20.00	20.00
9 号	60.00	30.00	10.00
10 号	50.00	0.00	50.00
11 号	50.00	20.00	30.00
12 号	50.00	40.00	10.00

编号	砂土/%	壤土/%	粘土/%
13 号	40.00	0.00	60.00
14 号	40.00	20.00	40.00
15 号	40.00	40.00	20.00

雨水花园 LID 参数如表 4-17 所示。

表 4-17　雨水花园 LID 参数

LID 参数	名称	数值
表面	护堤高度/mm	300
	植被容积	0.3
	表面曼宁 n 值	0.1
	表面坡度	0.33
蓄水	厚度/mm	300
	孔隙比	0.4
	渗水速率/（mm/h）	0.5
	堵塞因子	0
渠下	流量系数	0
	流量指数	0.5
	偏移高度	6

2. 不同土壤配比的雨水花园"渗""滞""蓄"效果模拟分析

要完成对研究区域不同土壤配比雨水花园的"渗""滞""蓄"效果模拟分析，首先需要将经过确定的 LID 参数输入 SWMM。通过使用 SWMM，可以对研究区域进行模拟分析，以评估不同土壤配比雨水花园在水文循环方面的表现。不同土壤配比雨水花园"渗""滞""蓄"效果模拟结果如表 4-18 所示。

表 4-18　不同土壤配比雨水花园"渗""滞""蓄"效果模拟结果

水文参数		平均下渗量	平均径流量	高峰径流量	平均径流系数
第 1 组	城市化后	38.8919	0.3468	0.0190	0.9147
	1 号雨水花园	61.1434	0.2707	0.0156	0.6993
	削减率	-36.39%	28.13%	22.12%	30.80%

续表

水文参数		平均下渗量	平均径流量	高峰径流量	平均径流系数
第2组	城市化后	38.8919	0.3468	0.0190	0.9147
	2号雨水花园	61.8518	0.2680	0.0151	0.6944
	削减率	-37.12%	29.43%	25.45%	31.72%
第3组	城市化后	38.8919	0.3468	0.0190	0.9147
	3号雨水花园	61.8506	0.2645	0.0150	0.6811
	削减率	-37.12%	31.10%	26.61%	34.29%
第4组	城市化后	38.8919	0.3468	0.0190	0.9147
	4号雨水花园	60.0670	0.2807	0.0157	0.7076
	削减率	-35.25%	23.57%	21.05%	29.26%
第5组	城市化后	38.8919	0.3468	0.0190	0.9147
	5号雨水花园	60.4491	0.2758	0.0153	0.6956
	削减率	-35.66%	25.75%	24.32%	31.49%
第6组	城市化后	38.8919	0.3468	0.0190	0.9147
	6号雨水花园	61.0245	0.2725	0.0151	0.6836
	削减率	-36.27%	27.26%	25.45%	33.80%
第7组	城市化后	38.8919	0.3468	0.0190	0.9147
	7号雨水花园	58.5085	0.2836	0.0154	0.7219
	削减率	-33.53%	22.27%	23.21%	26.70%
第8组	城市化后	38.8919	0.3468	0.0190	0.9147
	8号雨水花园	59.6170	0.2821	0.0156	0.7100
	削减率	-34.76%	22.95%	22.12%	28.83%
第9组	城市化后	38.8919	0.3468	0.0190	0.9147
	9号雨水花园	60.1411	0.2787	0.0153	0.7069
	削减率	-35.33%	24.46%	24.32%	29.39%
第10组	城市化后	38.8919	0.3468	0.0190	0.9147
	10号雨水花园	57.3157	0.3010	0.0162	0.7425
	削减率	-32.14%	15.22%	16.95%	23.19%
第11组	城市化后	38.8919	0.3468	0.0190	0.9147
	11号雨水花园	58.1142	0.3007	0.0161	0.7335

水文参数		平均下渗量	平均径流量	高峰径流量	平均径流系数
第 11 组	削减率	-33.08%	15.34%	17.95%	24.71%
第 12 组	城市化后	38.8919	0.3468	0.0190	0.9147
	12 号雨水花园	59.3115	0.2995	0.0160	0.7401
	削减率	-34.43%	15.81%	18.97%	23.58%
第 13 组	城市化后	38.8919	0.3468	0.0190	0.9147
	13 号雨水花园	56.6194	0.3013	0.0169	0.7996
	削减率	-31.31%	15.11%	12.20%	14.39%
第 14 组	城市化后	38.8919	0.3468	0.0190	0.9147
	14 号雨水花园	56.6189	0.3013	0.0168	0.7996
	削减率	-31.31%	15.11%	13.11%	14.39%
第 15 组	城市化后	38.8919	0.3468	0.0190	0.9147
	15 号雨水花园	57.6966	0.3007	0.0165	0.7965
	削减率	-32.59%	15.34%	15.00%	14.84%

注：表中平均下渗量和平均径流量的单位为 mm，高峰径流量的单位为 m³/s，平均下渗量的削减率为负数表明研究区域平均下渗量在增大。

十五组不同土壤配比的雨水花园具有不同的"渗""滞""蓄"效果，平均下渗量分别增加了 36.39%、37.12%、37.12%、35.25%、35.66%、36.27%、33.53%、34.76%、35.33%、32.14%、33.08%、34.43%、31.31%、31.31%、32.59%，其中效果最佳的是 2 号和 3 号雨水花园；使平均径流量分别降低了 28.13%、29.43%、31.10%、23.57%、25.75%、27.26%、22.27%、22.95%、24.46%、15.22%、15.34%、15.81%、15.11%、15.11%、15.34%，其中效果最佳的是 3 号雨水花园；使高峰径流量分别降低了 22.12%、25.45%、26.61%、21.05%、24.32%、25.45%、23.21%、22.12%、24.32%、16.95%、17.95%、18.97%、12.20%、13.11%、15.00%，其中效果最佳的是 3 号雨水花园；使平均径流系数分别降低了 30.80%、31.72%、34.29%、29.26%、31.49%、33.80%、26.70%、28.83%、29.39%、23.19%、24.71%、23.58%、14.39%、14.39%、14.84%。综上，3 号雨水花园效果最佳，其土壤配比是砂土 80%、壤土 15%、粘土 5%。

六、结果分析

1. 防洪减涝、净化水质功能

城市在应对雨水排放和洪涝问题上采取了各种措施。这些措施在减轻排水管网压力的同时缓解了城市内涝，还通过绿地和透水铺装等设施将雨水的水质进行净化处理。大量的研究已经充分证明，城市的雨水利用设施具备较强的防洪减涝和净化水质的能力。根据本次研究对研究区域中不同低影响开发模式的模拟结果，城市的雨水利用设施能够有效地控制雨洪。

透水铺装是一种与普通的混凝土和沥青铺装相比，具有独特功能的技术。这种铺装材料能够有效降低外排雨水中的污染物含量，并在一定程度上净化水质。与传统铺装相比，透水铺装具有较强的下渗能力和蓄水功能。同时，它还能够过滤雨水中的污染物，从而发挥防洪减涝和净化水质的作用。城市内涝问题一直是人们关注的焦点。为了有效缓解城市排水系统的压力，雨水蓄存设施如蓄水池和调蓄池等被广泛应用。这些设施通过收集来自屋顶、道路等不同地表的雨水，可实现对径流总量和洪峰流量的削减。同时，这些设施还会配备过滤装置等设备，用于初步净化雨水，减少其中的污染物含量。城市雨水利用措施的好处不仅仅限于减轻排水系统负担和解决内涝问题。通过合理利用城市雨水资源，不仅可以节约用水资源，还能减少对自来水的依赖，降低供水成本。

2. 蒸散发效应分析

城市化进程导致区域下垫面发生重大变化，例如绿地、耕地和林地等土地利用类型转化为不透水的下垫面。这种下垫面的改变会引起区域蒸散发量的变化。许多国内学者的研究显示，城市建设过程中植被减少，城市用地不断增加，从而导致城市范围内的蒸散发量显著下降[121]。

我国提出"海绵城市"概念，以解决城市内涝问题，并通过各种方法合理利用雨水资源。其中，一些措施主要侧重于渗漏和水分滞留功能，如下凹式绿地、透水铺装、绿色屋顶和雨水花园等。这些措施的主要特点是植被覆盖，用于降低洪峰流量，减少地表径流[122-126]。除了有效地利用雨水资源之外，这些措施还具有良好的蒸散发效应。本研究应用雨水花园整合雨水资源，*PM* 公式、*HG* 公式和修正后 *HG* 公式计算结果对比分析图如图 4-13 所示。

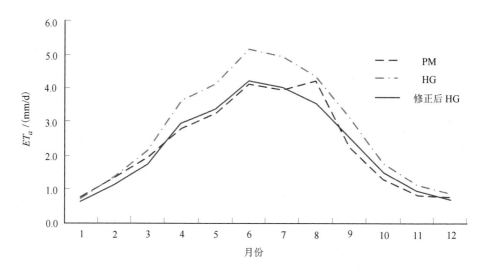

图 4-13　*PM* 公式、*HG* 公式和修正后 *HG* 公式计算结果对比分析图

由图 4-13 可知，修正后的 *HG* 和 *PM* 公式计算结果相近，修正后的数值更加精准。所以，采用 *PM* 和修正后 *HG* 公式的计算结果作为草坪的实际日蒸散量[127-131]。将不透水面和透水面的蒸散量结果汇总，得到不透水面的月蒸发量和草坪的日/月实际蒸散量，不同下垫面的实际蒸散量结果汇总如表 4-19 所示。

表 4-19　不同下垫面的实际蒸散量结果汇总

月份	不透水面蒸发	草坪 Eta（PM）	草坪 Eta（修正后 HG）	草坪 Eta（PM）	草坪 Eta（修正后 HG）
		月均/（mm/month）		日均/（mm/d）	
1	1.4	22.05	20.07	0.71	0.65
2	2.2	39.01	33.46	1.35	1.15
3	5.6	60.71	54.92	1.96	1.77
4	8.8	84.36	89.60	2.81	2.98
5	16	101.09	104.73	3.26	3.37
6	16.4	123.62	126.88	4.12	4.22
7	19.2	122.14	124.84	3.94	4.02
8	9	130.14	110.55	4.20	3.56
9	11.2	67.94	77.59	2.26	2.58
10	24	39.70	45.93	1.28	1.48

续表

月份	不透水面蒸发	草坪 Eta（PM）	草坪 Eta（修正后 HG）	草坪 Eta（PM）	草坪 Eta（修正后 HG）
	月均/（mm/month）			日均/（mm/d）	
11	7.6	24.37	28.45	0.81	0.95
12	5.2	24.52	22.64	0.79	0.74

由表 4-19 可知，在 LID 设施布置中雨水花园的面积为 3.9km²，使用表 4-18 中月不透水面蒸发量和草坪 $ET_a(PM)$，根据式（4-24）可计算出雨水花园的面积内有无雨水花园所产生的年蒸散发量分别为 328.13×104m³、49.48×104m³，两者具有 6 倍的差距，这足以说明雨水花园蒸散发作用巨大。

$$V = 0.1\sum_{i=1}^{12} E_{iye} \times A \qquad (4-24)$$

式中：E_{iye} 为第 i 月的蒸散发总量（mm）；V 为区域年蒸散发总量（万 m³）；A 为研究区面积（km²）。

经综合分析发现，城市化不透水面的增加将极大地降低区域的蒸发量，严重影响城市范围内的陆地水循环过程。然而，在雨水利用措施中，以植被覆盖为主要特征的措施具备了强大的蒸散发能力。草坪作为最简单的雨水利用设施，在全年内蒸散量已达到 839mm。此外，其他雨水利用措施如雨水花园、下凹式绿地和生物滞留设施等则是由多种植被组合而成，其蒸散发能力高于仅有单一草坪设施[132-138]。因此，雨水利用措施拥有较为强大的蒸散发效应，能够有效地促进城市内陆地水循环，推动城市生态的和谐发展[139-141]。

3. 降低区域温度、缓解热岛效应

当前，城市的地面多为传热率较高、热容量较大的材料，如水泥、混凝土和地砖。要解决热岛效应问题，必须彻底改变下垫面的性质。植被在缓解热岛效应方面发挥着重要作用，草坪的蒸散量计算表明，绿色屋顶具有强大的蒸散效果，能有效降低周围空气温度，从而缓解热岛效应。对不同结构的绿色屋顶和混凝土屋顶进行比较观察的研究表明，绿色屋顶具有出色的隔热节能效果。城市雨水利用措施通过改变城市下垫面，并增加植被覆盖率来实现雨水的合理利用。因此，这些设施都具有减轻热岛效应的作用。除了植被覆盖类型的雨水利用设施外，透水路面也可以通过水分的蒸发效应来降低地表温度，从而缓解热岛效应。此外，还可以采取其他措施来进一步缓解热岛效应。例如，增加城市绿地的面积、提高建筑物的隔热性能、优化交通流量等。

城市雨水利用设施在各个环节中的作用非常重要。通过减少二氧化碳排放量，这些设施有助于缓解城市热岛效应。不同种类的设施通过植被覆盖，可以直接实现固碳释氧、降温增湿等生态效应。当城市内的植被覆盖率达到一定的水平后，城市的温度将会下降。这对于降低能耗、减少空调使用频率以及化石能源消耗产生的效果非常明显，形成了一个良性循环。此外，城市雨水利用设施的建设还可以削减水流的量并改善水质。减少水流量的直接结果是减轻管网雨水泵站的排水压力。同时，减少泵站运行所产生的碳排放量。雨水利用设施的净化水质作用也有助于缓解污水处理厂的压力。同时，减少处理 COD 等污染物过程中产生的二氧化碳排放量。

综上所述，通过建设城市雨水利用设施，在一定程度上可以降低区域温度，从而有效缓解热岛效应。

本研究设计了海绵城市雨水花园水循环景观，并分析海绵城市雨水花园的生态效应。设计海绵城市雨水花园地理数据可视化模块，根据海绵城市理念对雨水花园海绵体结构进行设计，雨水花园的水循环景观设计，采用作物系数法计算蒸散发量，分析海绵城市雨水花园水循环景观的生态效应。实验结果表明，在研究设计之前，径流污染物的削减率最高仅为 85%。然而，经过研究设计后，径流污染物的削减率可达 100%。此外，本次研究设计的雨水花园还可以实现 87% 的径流总量控制率，而在设计之前，径流总量控制率仅能达到 82%。这些数据表明，本研究设计的雨水花园的径流总量控制率较高。

本 章 小 结

本章内容主要通过对研究区域的环境特点，分析影响四川省宁南县雨水花园的设计要素，从调节地表径流控制监测、生态管网设置调节管网径流、植物景观配置及水循环景观四个方面对海绵城市雨水花园进行设计并进行实验验证，提出生态生态设计方法，为雨水花园的发展提供参考。

（1）从源头消减措施、传输径流措施、末端存蓄措施方面设计径流管理的同时，对调节地表径流设计一种在线监控系统。在线检测系统里面添加了气象分析模块，实现雨水花园气象数据的远程控制以及数据可视化展示。通过 USEPA SWMM 软件构建出径流水量调控模型，设置模拟三种下垫面的冲刷模型，结合径流管道拓扑结构分析与量化，径流在线监测功能，完成在线监测的雨水花园系统径流水量控制方法设计。验证实验中用此方法和基于 SWMM 的雨水花园系统径流水量控制方法，以及基于 Hydrus 的雨水花园系统径流水量控制方法进行对比，研究结果表明在线监测的雨水花园系统径流水量控制方法能有效调节地表径流，地表径流衰减率较大，平均值在 85%，这种方法对于径流水量的调节能力要优于常规的调节方法。

（2）采用海绵城市雨水花园工程措施，从管网生态植物配置、填料配置两个角度利用 SWMM 模型，绘制产流模型和汇流模型，进行生态管网的设计。验证实验中进行 LID 模拟，从对管网生态优化布置前后径流量变化、洪峰滞后时间变化、雨水出流时间变化、管道调蓄状态变化进行模拟，布置三种不同类型的雨水花园，并且用此方法对比两个参考文献提到的方法，结果表明这种生态管网的布置方法管网调蓄能力相对较好，水质也有改善。

（3）从湿润地区、半湿润地区、干旱、半干旱地区植物景观配置进行设计，挑选出适合区域特色的植物景观。利用深度学习算法的植物景观特征参数计算，有效解决植物景观配置中识别的物种数量，提高雨水花园植物景观配置的效率。验证实验中选取 8 种雨水花园常见的地被植物作为参考，利用深度学习算法和传统植物景观配置方法进行对比，以耐涝性作为指标，研究表明基于深度学习区域特色雨水花园植物景观配置方法对不同类型植物景观的耐涝指数值均高于传统配置方法。

（4）从海绵城市雨水花园地理数据可视化模块和海绵体结构组成进行设计，搭建雨水花园的水循环景观，采用作物系数法计算蒸散发量，分析海绵城市雨水花园水循环景观的生态效应。在进行验证实验时，选择了雨水花园场地进行普通景观改造。通过使用降雨动画模拟，准确重现雨水系统的流程和路径，以便在场景中进行分段模拟。这样做有助于全面分析海绵景观设施在雨水渗透、溢流、截污和净化等生态调蓄方面所起的作用。通过这个模拟实验，可以更好地了解海绵景观设施在实际应用中的效果，并为未来的工程项目提供有价值的参考。此外，还采用 LID 模拟不同种植土壤配比下雨水花园的"渗""滞""蓄"和"净"效果。为了研究不同土壤配比的雨水花园对研究区域的水文水质变化，选择了 15 组具有不同土壤配比的雨水花园进行实验。研究结果显示，经过设计的雨水花园，其径流总量控制率达到了 87%，而设计前仅为 82%。此外，在设计前，雨水利用率最高仅为 88.9%，而设计后可达到 98.4%。而径流污染物的削减率，在设计前最高只有 85%，但经过设计后，最高可达到 100%。

以上结果表明，设计的雨水花园可以有效控制径流总量，并提高雨水的利用率和净化效果。这为改善研究区域的水文水质状况提供了有力的支持。说明本研究设计的雨水花园水循环景观设计的雨水利用率较高，径流污染物削减率也较高。

第五章　海绵城市雨水花园雨水收集及处理方法设计

第一节　雨水花园雨水收集系统设计

目前我国面临着水资源短缺的问题，具体来说，目前我国的人均可饮用水资源占有量仅仅达到全球人均占有量的 1/4，这个数字非常低，说明国内可用的水资源非常稀缺。此外，因地域广阔，导致我国水资源不均衡。收集和利用雨水资源是提高城市蓄养水能力、增强防涝抗洪能力以及改善城市生态环境的重要举措。雨水是通过屋顶、道路和绿地等途径被收集起来的。通过对年降水量进行调查和统计，可以计算出雨水的收集量。根据径流系数的计算结果，设计出合适的雨水管渠。收集到的雨水还需要经过处理，同时记录处理结果，以实现综合的雨水收集系统设计。

一、海绵城市雨水花园嵌入式雨水收集系统设计

雨水，作为一种受到轻度污染的水资源，其高效利用具有重要意义。首先，高效利用雨水能够有效控制雨水径流带来的污染物质，有助于提高环境质量。其次，雨水的合理利用还能够解决城市水资源短缺的问题，为城市的可持续发展提供支持。在海绵城市雨水花园中，收集的雨水方法主要包括屋面雨水收集、路面雨水收集和绿地雨水收集。

根据研究区域的年雨水量对雨水管渠流量 Q 进行设计，则计算公式如下：

$$Q = \psi_m \cdot q \cdot F \qquad (5-1)$$

$$q = \frac{\lambda A(1 + C \lg P)}{(t + b)^n} \qquad (5-2)$$

式中：ψ_m 为流量径流系数；F 为汇水面积；q 为设计暴雨强度；m 为折减系数；C 为流速系数；λ 为常数；t 为雨水汇集时间；b 为雨水渠宽度；n 为雨水渠粗糙

系数；P 为设计重现期。

在确定雨水管渠设计重现期时，必须综合考虑当地实际情况，并统一考虑经济和技术因素。为了选择合适的设计重现期取值，可以参考其他城市的设计重现期取值，在借鉴时，要注意研究区域的特殊性和差异性，不可盲目套用他人的经验，而应根据具体情况做出相应调整。通过综合考虑各方面因素，确保雨水管渠设计的科学性与可行性。

雨水在地面上形成径流，并顺着雨水口流入雨水管道，最终注入河流。这个过程的时间被称为雨水集水时间 t：

$$t = t_1 + mt_2 \tag{5-3}$$

式中：t_1 为地面集水时间；t_2 为管渠内雨水流动时间。

雨水流动的时间在很大程度上取决于诸如雨水流距离、地面坡度和地表覆盖等各种因素。根据相关数据显示，通常不需要进行复杂的计算来确定地面集水的时间，而是根据经验来估值。一般来说，经验值将地面集水时间 t_1 范围定为 $5\sim10\text{min}$。

管渠内雨水流形成时间是指雨水从雨水口进入管道并最终流至河道所需的时间。而 t_2 则是衡量暴雨强度的指标之一。在实际应用中，需要考虑这些因素对雨水流动的影响，以确保管渠系统的正常运行和高效排水。管渠内雨水流形时间 t_2：

$$t_2 = \Sigma \left(\frac{L_i}{60V_i} \right) \tag{5-4}$$

式中：L_i 为管段长度；V_i 为各管段满流时水流速度。

在确定雨水收集量时，折减系数的选择必须基于特定地区海绵城市的实际条件。公式和计算方法给出了地面集水和管渠内雨水流动的时间，而折减系数的确定则是最后获取收集到的雨水量的关键因素。

二、基于雨水污染控制技术的雨水收集利用设计

为了更好地发挥雨水资源的综合利用效益，文中提出了两种技术，可有效控制雨水中的污染物，雨水收集系统综合利用结构图如图 5-1 所示。

雨水弃流控制技术被广泛认为是一种高效且多功能的水质处理方法。它依靠合理的设计和安装雨水弃流装置，能够有效处理和控制雨水中微小颗粒和可溶性

污染物的含量。不同降雨情况下，产生的径流量也会有所不同，特别适用小型集水面积的降雨过程。为此，可以采用简单却实用的雨水弃流装置来解决初期弃流量较小的情况。当雨水流入弃流池时，一旦弃流池达到容量上限，水将溢出到设定的高水位蓄水池，并随后进入后续处理系统，直至降雨停止后，弃流池会被排空。这种技术不仅可以有效处理雨水，还可以灵活应对不同降雨情况。

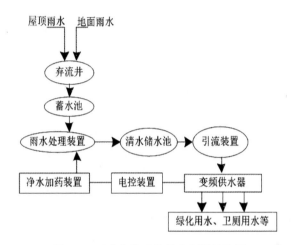

图 5-1　雨水收集系统综合利用结构图

　　在旋流分离器的使用过程中，污染颗粒的大小是一个重要考虑因素。相同条件下，它们在旋流器内所占据的平衡轨道半径随着污染颗粒变小而减小。此时，这些小颗粒很难有效分离，并且比大颗粒更加难以处理。因此，如果要实现对极细颗粒物质的良好分离效果，就必须确保旋流器能够达到较小的分离粒度。旋流分离系统结构图如图 5-2 所示。

　　根据旋流条件的限制，为了避免水流速度过快导致的涌出现象，将进口设置在距离观察孔下方约 1 倍处，以确保水流不会突然涌出。因此，建议将进出口设计在离顶部约 40mm 的位置，以达到合理的进出口高度。这样设计可以保证旋流的正常运行，并有效避免涌出和流动阻塞的问题发生。

　　过流能力和分离力度随着旋流分离器直径的增加相应提高。因此，在确定旋流分离器直径时，需要考虑这两个因素的增加程度。因此进口与旋流器直径之间的关系为 $D_{进口} = (0.15 - 0.25)D_{直径}$，旋流分离器的直径为 1500mm。

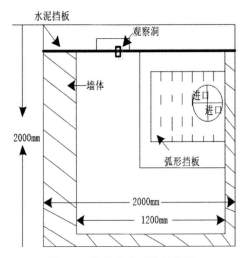

图 5-2 旋流分离系统结构图

与推进海绵城市建设的目标相符，旋流分离器的总高度需要合理。一般来说，如果旋流沉降的路径越长，那么旋流分离器的高度就越高，从而处理颗粒物的时间也会更长，效果也会更好。然而，在制定旋流分离器设计方案时，必须综合考虑实际工程情况和沉淀物处理等多个因素，以确保旋流分离器的高度不超过合理范围。经过实验与经验的结合计算，确认旋流分离器的合适高度为 2000mm。这样，海绵城市雨水花园的雨水收集系统得以全面优化设计。

三、实验与结果分析

为了缓解城市化进程对生态环境造成的负面效应，建议对海绵城市中的雨水花园进行优化设计，以增强雨水收集系统的功能，从而提高雨水的综合利用效率，最终改善城市的生态环境。同时，在改进设计之前，可以通过进行仿真实验来验证该雨水收集系统的可行性。这样的举措有望有效减轻城市发展对自然生态的压力，并促进可持续发展。

1. 实验 1

研究旨在统计该区域夏季汛期（6月、7月、8月）的降水量，并监测各雨水收集系统设施的实际集雨量。通过对比两组数据的差异性，能够得出一些有意义的结论。实际监测汛期中雨水收集系统集雨量数据如表 5-1 所示。

表 5-1   实际监测汛期中雨水收集系统集雨量数据

集雨区域集雨量/m³	降水月份		
	6 月	7 月	8 月
屋顶集雨量	589	1203	1103
绿地集雨量	489	811	682
路面集雨量	231	455	406
水面集雨量	936	1456	1239
总集雨量	2245	3925	3430

根据表 5-1 所示的数据，6—8 月的实际的集雨量监测结果与屋顶集雨量、绿地集雨量、路面集雨量和水面集雨量之间的差距非常小，总集雨量也几乎一致。这证明了在该区域内使用的雨水管渠设计方法能够相当准确地计算 6—8 月的雨水集雨量，这也进一步展示了该地区雨水收集系统的优秀性能。

2. 实验 2

为了提高雨水的利用效率，样品采集后，利用旋流分离系统和雨落管弃流系统对雨水样品进行处理，并观察处理后雨水悬浮固体浓度和浊度的变化。具体结果如下。

（1）为了研究雨水收集系统的表现，首先从系统中选取三组样品，再利用旋流分离系统进行处理，进而获得雨水悬浮固体浓度的变化曲线图，旋流分离系统处理后雨水悬浮固体浓度示意图如图 5-3 所示。

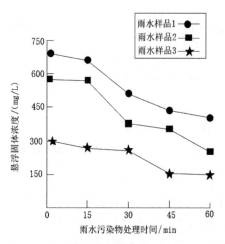

图 5-3   旋流分离系统处理后雨水悬浮固体浓度示意图

图 5-3 展示了利用旋流分离系统进行悬浮固体控制处理操作的过程。可知悬浮固体浓度随着处理时间增加逐渐降低。这种下降趋势非常明显，表明该处理系统能够有效地清除雨水中的固体悬浮物。因此，从出水口流出的处理后的雨水具有较好的水质。

（2）实验提供三组雨水样品，利用雨落管弃流系统处理后雨水的浊度变化示意图如图 5-4 所示。

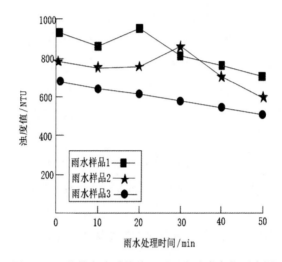

图 5-4　雨落管弃流系统处理后雨水浊度变化示意图

在雨水样品相同的情况下，运用雨落管弃流系统处理后，获取图 5-4 中的浊度变化曲线，观察以上曲线图的趋势能够看出，该系统对雨水进行处理后浊度变化趋势不是很明显。

对比以上两种系统，本研究设计的旋流分离器系统对雨水处理综合利用效率较高。

城市水资源的利用效率对经济发展有直接影响，因此需要优化设计海绵城市的雨水收集系统，以提高水资源利用效率并减轻城市热岛效应的影响。为此，可以采用多种方法进行雨水收集，包括屋顶雨水收集、绿地收集和路面收集。首先，需要调查并统计年降水量，确定可收集的雨水量。然后，根据不同区域的径流系数，设计合理的雨水管渠网络。在此基础上，对收集到的雨水进行处理，并记录处理结果，以实现雨水收集系统的综合设计。通过这些优化措施，可以最大限度地提高城市水资源的利用效率，同时减轻城市热岛效应的负面影响。

第二节　雨水花园小规模污水处理设计

在日常生活中，污水的来源除了工业生产与生活用水外，城市降雨后，雨水也会带来一定的污染。雨水中含有大量的污染物，雨水径流会卷入大量的污染物排到较近的水体之中。在雨水污染物中，存在大量的氮磷元素，一旦含量超标，则会导致水体出现严重的富营养化问题[142]。现阶段，传统的城市规划理念大多是以让雨水快速排干为核心目标，然而随着城市污水大量排向下游水系，对下游水系的基础设施建设产生了较大影响[143]。一方面破坏了下游水系的基础设施建设，污染城市环境；另一方面导致城市内部无水可用。污水处理有重要意义，因此应用污水处理技术对污水进行相应的处理，使水资源重新得到利用。

一、常见的污水处理技术

1. 活性炭吸附法

活性炭是一种通过炭化木材、煤炭和其他有机物，之后再用氧化剂活化制造而成的吸附剂，能够有效地将污水中的有害物质去除。但是，活性炭处理的消耗很大，且再生也比较复杂，这都是活性炭处理技术存在的主要问题。

2. 生物膜处理技术

生物膜处理技术主要依靠在填料表面附着的生物膜进行处理，将水中的藻类、有机物等污染物吸收后进行氧化分解。广泛应用于城市排水、生活污水等方面。但是，生物膜处理技术也有其局限性，对于高浓度有机污水，常发生生物膜中毒失效现象，技术应用的范围受限。

3. 膜分离技术

膜分离技术也称为膜过滤或膜分离，是一种将物质通过半透膜进行分离和纯化的过程。这种技术基于膜的特殊结构和选择性通透性，能够有效地分离不同大小、不同性质的物质，包括固体颗粒、溶解性物质、离子等。但应用中仍存在着较多问题，如处理液体浓缩问题时，在某些膜分离应用中，如逆渗透和超滤，可能导致溶质的堆积和结晶，增加了操作复杂性。膜分离技术在大规模应用时面临设备成本高、运营复杂、维护困难等挑战，限制了其在某些领域的广泛应用。

4. 一般氧化法

一般氧化法是一种常用的化学处理方法，用于去除有机物、无机物和污染物等。该方法通过氧化剂的作用，将废水中的有机物氧化成无害的化合物，从而实现废水处理和净化的目的。但是对于规模较大、污染物浓度较高的废水处理，这种方法成本高。

以上四种处理技术都是常规污水处理技术中的主要方法，都有其优缺点，在实际应用过程中，需要因地制宜、因污制宜地选择合适的技术进行处理，才能达到最好的水质净化效果，实现环保目标。而雨水花园在某种程度上，能够有效地去除污水中的有害物质，可以通过基质、植物去除水中污染物，且去除能力较强[144]。现阶段，在雨水花园小规模污水处理方面的研究逐渐成熟，能够对污水作出有效的净化处理，然而，传统的雨水花园小规模污水处理方法在实际应用中，仍然存在不足，污水中污染物的降解率得不到显著提升。太阳光催化技术，作为一种被广泛研究的环境净化技术，具有极高的应用价值。该技术利用太阳光的能量，可以有效去除水中的有机污染物和危害性细菌。相比其他水处理技术，太阳光催化技术拥有众多优点，例如操作简便、无二次污染以及清洁能源的使用等。太阳光催化技术的优势在于其操作过程的简便性。只需要利用太阳光进行光催化反应，无须复杂的设备或添加剂。这使得该技术成为水处理领域中备受推崇的一种解决方案。此外，光催化反应不会引入二次污染物，这意味着处理后的水质不会再次受到污染，有助于保护环境和人类健康[145]。基于研究区域的气候特征，太阳能利用率高，因此本研究引入光伏光催化技术，开展雨水花园小规模污水处理方法研究。

二、光伏光催化理论

1. 概念

光催化技术是一种利用光能和催化剂的作用进行化学反应的技术。光催化基于光催化剂的特殊结构和光敏性质，通过吸收光能产生电子—空穴对，并利用这些活性物种参与氧化还原或降解反应。

在光催化技术中，主要的组成部分包括光催化剂和光源。光催化剂通常是半导体材料，如二氧化钛（TiO_2）、氧化锌（ZnO）和半导体量子点等。这些材料具有良好的光吸收和电子传导性能，可以实现光生电子—空穴对的产生。光源可以是太阳光、可见光或紫外线灯等，提供激发光催化剂所需的能量。

光伏技术主要是利用太阳能，太阳能电池的种类主要有硅基半导体电池、有机材料电池等，随着发展光伏电池的规模化发展，太阳能生产电池的成本降低，光伏产业迅速发展。

2. 光催化技术原理

（1）影响光催化反应的因素。光催化反应的效率在很大程度上取决于光催化反应的活性。而光强、污染物浓度、pH 值、催化剂的浓度以及温度则是影响光催化反应活性的关键因素。这些因素共同作用，影响着光催化反应的效果和速率。

1）光强。TiO_2 在表面杂质和晶格缺陷的作用下，能在可见光和紫外光波长范围内展现出卓越的催化活性。光照强度与光催化反应速率呈正相关，但当光照强度超过一定极限时，增加光照强度对光催化降解速率不再具备促进作用。此外，一旦光照强度超过特定限值，光催化效果将减弱甚至失效。

2）污染物浓度。污染物浓度低产生的光催化为准一级反应，反应速度与污染物成正比；随着浓度增大，光催化剂上吸附有机物浓度增大，反应速度变慢，最终达到饱和稳定[146]。有色污染物的浓度增加会导致反应速率逐渐提高，但达到一定浓度后会开始下降。这可能是因为过高的初始反应物浓度会影响透射光到达催化剂表面的强度，因此催化剂无法得到足够的光子来产生强氧化性的物质来降解污染物。因此，当污染物浓度超过一定程度时，进一步增加浓度将不会显著提高反应速率。

3）pH 值。不同的污染物在不同的 pH 值下进行光催化反应会产生不同的影响。处理不同污染物时，利用不同的光催化剂，pH 值对光催化反应速率的影响差异明显，因此需要进行具体实验来确定各种催化剂和污染物所需的最佳 pH 值范围。

4）催化剂的浓度。在静态或动态反应器中，催化剂的加入会随着浓度的增加而提高光催化反应的速率。不过，一旦催化剂浓度达到一定量，进一步增加催化剂浓度可能会导致反应速率的下降。

5）催化剂的温度。在半导体光催化反应中，活化能通常较低。光催化降解过程中，温度主要影响催化剂与反应分子碰撞的频率以及催化剂对反应物质的吸附和降解过程。然而，这些因素并非光催化反应速率的控制步骤。因此，可以说温度对光催化反应的影响并不十分显著。

（2）影响光催化反应的原理。光催化技术可分为均相和非均相两类。在均相光催化过程中，一般情况下利用 Fe^{2+} 和 H_2O_2 构成的 Fenton 体系，利用 H_2O_2 分解产生的羟基自由基来进行氧化降解污染物。在光照的作用下，协同 Fe^{2+} 促进产生 · OH 自由基，从而加速污染物的降解过程，均相光催化技术如图 5-5 所示。

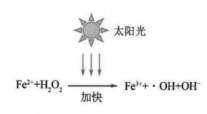

图 5-5　均相光催化技术

非均相光催化技术是利用半导体光催化材料的原理。当这些材料上受到的光辐射能量超过其禁带宽度时（hv≥Eg），就会在内部激发产生光生电子—空穴（$h^+ + e^-$）对。这些电子—空穴对通过迁移与材料表面的 O_2、H_2O 等物质结合，从而产生 · OH、· O_2、· O_2^- 等自由基，进而实现对污染物的氧化降解作用，非均相光催化技术如图 5-6 所示。

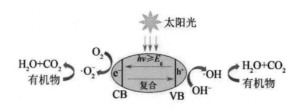

图 5-6　非均相光催化技术

3. 光伏技术原理

（1）太阳能电池工作原理。太阳能电池是由半导体材料构成的二极管装置，不同类型的太阳能电池都具有各自独特的电学特性和光谱特性。在研究太阳能电池时，通常通过短路电流 I_{sc}、开路电压 V_{oc}、最大输出功率 P_{mp} 和转换效率 η、填充因子（Fill Factor，FF）这些参数来对比性能的优劣。

（2）光强和温度对太阳能电池的影响。太阳能电池受工作温度影响，其对太阳能电池组件 I_{sc} 和 V_{oc} 的效果各异，从而直接影响太阳能电池板的发电性能。有学者研究表明，较低的工作温度可以显著提高太阳能电池的发电效率。太阳能电池的电性能参数（P_{mp}、V_{oc}、FF、η）也会随着入射光强的改变而变化。

（3）光伏系统的冷却。在太阳能电池工作过程中，自身温度升高是不可避免的，温度对太阳能的效率发挥着重大影响，太阳能电池使用过程中对其进行合理的冷却是非常必要的。工程中应用较多的太阳能电池冷却技术主要有两种，分别为自然对流冷却和强制循环冷却两种。

三、光伏光催化技术的雨水花园小规模污水处理方法

1. 制备光催化剂

在雨水花园污水处理前，需要根据光伏光催化技术的实际需求，结合雨水花园污水特征，配制适配度较高的光催化剂，为后续的污水处理提供基础保障。

本研究采用水热法，制备光催化剂。水热法是一种利用高温高压水溶液进行化学反应的方法。在水热条件下，水的性质会发生显著变化，其溶解能力和反应性均增强，因此适用于许多化学反应和材料合成过程[147]。

制备光催化剂的实验过程如下。

制备 GO-urea 前驱液：氧化石墨烯粉末（Graphene Oxide，GO）将适量尿素加入去离子水中，搅拌使其充分溶解，制备尿素溶液。根据实际需求可以选择添加适量的催化剂，如氮化钴等。将氧化石墨烯和尿素溶液按一定比例混合，并在适当的温度条件下（常温至 60℃）进行搅拌和反应，直至得到均匀的 GO-urea 前驱液。通常需要对得到的混合溶液进行过滤和脱气处理，以去除固体杂质和气泡[148-149]。

制备复合泡沫材料：将商业密胺树脂（Melamine-formaldehyde resin，MF）泡沫切成 1.5cm×1.5cm×2.0cm 大小的方块，将其全部浸泡在石墨烯尿素溶液中，超声静置处理 30min，主要目的在于使尿素能够均匀分散在 MF 表面[150]。在进行实验时，需将均匀吸附尿素的泡沫置于一个 10mL 的坩埚中，并用锡箔纸将其包裹严实。然

后，在 Ar 气氛下，设定加热温度不超过 500℃，并控制升温速率不超过 2.5℃/min，加热持续 5h。完成加热后，让其自然冷却至室温，使用无水乙醇进行反复清洗，以去除 MF 上的 C_3N_4，以防止在使用过程中由于材料结合不牢导致催化剂脱落，从而降低其活性。最后，在 55℃下进行真空干燥 10h，即可得到泡沫状光催化剂[151]。

Ti3C2Tx 溶液：将 Ti3C2Tx-Clay 添加到 100mL 去离子水中，超声处理 2h，获得 Ti3C2Tx 胶体溶液[152]。取一定量的胶体溶液，加入离心管中烘干，通过质量变化，计算浓度。Ti3C2Tx 的浓度一般约为 10mg/mL[153]。

在无光环境下，将生成的 Ti3C2Tx 溶液倒入搅拌着 20mg/L 罗丹明 B（Rhodamine B）溶液的烧杯中，并以 150r/min 的速度进行搅拌，让其吸附 30min[154]。随后，在 300W 氙灯的照射下，每隔 30min 取样一次。使用 ICP 和液体紫外可见分光光度计分别测量 Agt 和 RhB 的含量，灯源距离终端到计算机多路复用器（Terminal-to-Computer Multiplexer，TCM）的距离为 150mm。

在光催化剂制备反应中，由于溶液在过程中不断浓缩并出现大幅度的体积波动，因此在计算污染物浓度时，需要将浓度重新计算为原始体积下的浓度[155]。可以将还原银离子和有机物降解的效率定义为溶液中污染物物质含量与某一时刻的初始物质含量之比，其计算表达式：

$$N / N_0 = \frac{C}{C_0} \times \frac{V}{V_0} \qquad (5\text{-}5)$$

式中：c 为经过一段时间反应后测得溶液的浓度；c_0 为原溶液中污染物浓度；v_0 为溶液体积；v 为经过一段时间反应后测得的溶液体积。

通过计算，得出光催化剂还原银离子与有机物降解的效率[156]。

2. 模拟设计雨水花园模型

完成上述光催化剂材料制备后，模拟设计雨水花园模型，获取雨水花园结构，为后续光伏光催化污水处理提供参考依据。

雨水花园的污水处理系统是为了重复利用水资源而设计的系统，能够对生活和工业废水进行再一次处理，实现水资源的二次利用，减少浪费，本研究模拟设计的雨水花园模型装置由两个部分组成，分别为雨水花园透水材质与容器桶，雨水花园透水材质模型结构图如图 5-7 所示、雨水花园容器桶模型结构图如图 5-8 所示。

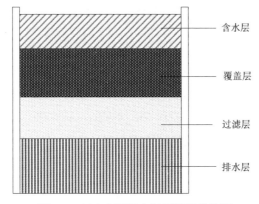

图 5-7 雨水花园透水材质模型结构图

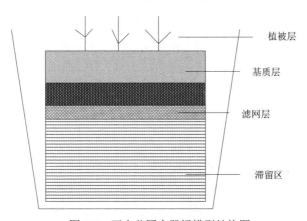

图 5-8 雨水花园容器桶模型结构图

雨水花园透水材质模型由网桶改装而成，属于一种可透水性内胆，包含多个层次结构。雨水花园容器桶的主要功能为蓄水，通过滤网与滞留区的作用，初步净化污水中的悬浮的污染物[157]。雨水花园中结构配比设计如表 5-2 所示。该设计采用人工配置的方式，将雨水花园径流水质特征信息数据输入到构建的模拟模型中，获取污水组成及含量。

表 5-2 雨水花园结构配比设计

序号	基质填充物	水平度和厚度
1	河砂+黄土	营养介质层（种植土层）（100mm）
2	河砂 95%+珍珠岩 5%	过滤层（100mm）
3	河砂 95%+蛭石 5%	排水层（150mm）
4	普通鹅卵石	垫层（30mm）

3. 设计雨水花园光伏光催化净水系统

完成雨水花园模拟设计后，设计光伏光催化净水系统，通过净水系统，全面实现雨水花园小规模污水处理的目标。光伏光催化技术净水系统是一种集光伏发电、光催化氧化技术和光谱分波段利用等多种技术于一体的多功能水处理系统。系统通过利用太阳能，将来自工业和生活废水的污染物进行催化氧化处理，使其达到环保标准，同时实现水资源的可持续利用。在处理系统中，紫外光被应用于催化分解污水中的有机物和无机物，而可见光和近红外光则被利用于光伏发电来推动水泵，从而使仿真污水在系统内进行循环。此外，远红外光主要以热能形式将模拟废水带走，以确保电池组件的工作温度保持较低水平。该系统具有占地面积小，投资成本低等优点，为解决水资源短缺和水污染问题提供了一种有效的解决方案。光伏光催化技术净水系统工作原理图如图5-9所示。

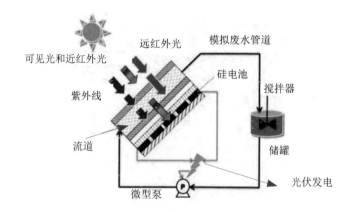

图 5-9　光伏光催化技术净水系统工作原理图

（1）光伏发电技术。光伏发电技术是通过半导体电子器件来吸收太阳光能量，产生光生伏特效应实现能源转换，是一种可将太阳光转化为可供利用电能的节能环保技术。目前应用最广泛的硅电池，由半导体材料连接而成的二极管设备，通过正、负极之间的电场分离光电子，以实现光电之间的转换。光谱会对太阳能电池转换电能产生一定的影响，只有辐射在波长范围内的太阳能才能被转换为电能，而各种太阳能电池的光谱响应不尽相同，这也是其电学特性和光谱特性各异的原因。光伏发电技术的实际应用可以有效地降低化石能源的消耗，减少对环境造成的影响，对于可持续发展具有重要意义。

太阳能电池的电性能参数，主要包括短路电流 I_{sc}、开路电压 V_{oc}、最大输出功率 P_{mp} 和转换效率 η。I_{sc} 是当电池输出电压为 0V 时，电池有着最大输出电流，即为短路电流。低倍光强条件下，短路电流近似与光照强度成正比关系。V_{oc} 是当电池输出电流为 0A 时，电池有着最大输出电压，即为开路电压。P_{mp} 是 I-V 曲线上电压与电流乘积中的最大值，所对应的电流和电压即为最大输出电流和最大输出电压，分别记为 I_{mp} 和 V_{mp}。转换效率 η，即电池板的光电转化效率定义如公式

$$\eta = \frac{P_{mp}}{P_{in} \times I_{in}} = \frac{V_{mp} I_{mp}}{P_{in} \times I_{in}} \times 100\% \qquad (5\text{-}6)$$

式中：P_{in} 为额定功率；I_{in} 为额定短路电流。

FF 是一个测量电池 P-N 接线质量的参数串联电阻，表达式：

$$FF = \frac{V_{mp} I_{mp}}{V_{oc} I_{sc}} \qquad (5\text{-}7)$$

太阳电池的光谱特性与光催化反应类似，光照射在半导体硅上激发电子跃迁，将跃迁的电子通过电极收集起来从而进行发电，过程中的光电转化率主要受光吸收、载流子传递、载流子接收等限制。在太阳电池中，只有能量大于半导体材料的禁带宽 E_g 的光子才能被材料吸收产生电子—空穴对从而产生电流。能量小于 E_g 的光子被吸收后仅转变成热使电池升温。硅电池的光谱响应的波段为 400～1100nm，在波长为 850nm 达到峰值，可以吸收光能的 76%。

太阳能电池的工作温度的升高会对太阳能电池的电性能参数产生不同的作用从而影响电池板的发电效率，而且当温度超过了一定的限度会对电池造成长期的损害，因此电池制造商一般会给出电池的特定工作温度及最大工作温度，散热子系统的设计应满足要求的电池工作温。

（2）光伏光催化净水系统构成。本研究设计的雨水花园光伏光催化净水系统组成部件如表 5-3 所示。

表 5-3　雨水花园光伏光催化净水系统组成部件

序号	名称	材料参数
1	光催化净水系统箱	Q245R
2	光催化净水系统循环水管	Q235A
3	石英玻璃保护壳	光学石英玻璃

序号	名称	材料参数
4	光催化膜支撑	Q235A
5	光催化膜夹板	Q235A
6	光催化膜	TiO₂
7	电动球阀垫片	NBR
8	光催化净水系统底座	10#I-beam（工字钢）

如表 5-3 所示，研究设计的光伏光催化净水系统的组成结构，通过自组装的反应池模拟光催化净水系统。反应池通过亚克力板与 SSR-256 中性硅酮结构胶拼接粘合组成，设置反应池尺寸为 100mm×100mm×50mm[158]。当有水流冲刷光催化剂的表面，光催化剂会产生一定的压电势，压电势的产生，能够从某种程度上大幅度增强上述制备的催化剂的光催化性能[159]。在反应池内，布设小型水泵，进行小规模水能循环。污水不断地冲刷光催化剂表面，会产生不同大小的压电势[160]。光伏光催化净水系统，在制备催化剂高光催化活性的基础上，利用水流产生的压电势，进一步增强光伏光催化活性，加快有机废水的降解效率[161]。光催化剂在分解结构稳定的有机物时，通常经历复杂的反应历程。在反应过程中产生多种中间体，不同的反应条件也会对产物产生巨大影响。但经过充分反应时间后，大多数有机物都能完全转化为 CO_2 和 H_2O，同时有机物中的卤原子、硫原子、磷原子和氮原子等会分别转化为无机盐类如 X-，SO_4^{2-}，PO_4^{3-}，NO3-。最终，随着降解反应的完成，有机物的危害性将会消失。

为了避免处理不全面的问题，在此基础上，启动光伏光催化净水系统，设定净水系统采用缺氧/好氧（A/O）一体化处理工艺，对雨水花园污水进行全面净化处理。净水系统 A/O 一体化处理构成由串联的缺氧区和好氧区[162]。

1）异养菌通过水解酸化过程，加速污水中难以分解且分子量较大的有机物转化为易于降解、分子量较小的有机物，提升了污水的生化可降解性。这不仅有助于减少污水处理过程中好氧段的氧需求量，还有效改善了污水的生化特性[163]。

2）由于污水处理过程中，好氧段经过系统内循环回流的污水中含有硝态氮，经缺氧环境条件下的反硝化细菌还原为 N_2 排出净水系统，从而实现了污水 TN 的脱除[164]。接着，污水进入采取曝气措施的好氧段，在此段中被异化降解，同时硝化细菌也将污水中的 NH_3-N 氧化为硝态氮，以提供充足反应原料，为缺氧段反硝化过程的顺利进行[165]。然后，污水从好氧段缓慢流入至沉淀池，进行泥水分离工序。部分新增殖的活性污泥回流至缺氧段，以保证缺氧段内的微生物数量处于动态平衡[166]。

光伏光催化净水系统 A/O 一体化处理工艺流程如图 5-10 所示。本设计的污水一体化处理工艺流程简单且构筑物少，具有较强的抗冲击能力，能够同时去除污水中的有机物和 TN。经过适当的预处理后，原污水直接进入缺氧段，为反硝化过程提供充足的碳源。在光伏光催化净水系统反硝化过程中，也能够补偿一部分消耗的碱度，因此系统对碳源和碱的需求量大为减少，甚至可以根据实际污水处理情况不投加，有效降低了运行成本[167]。

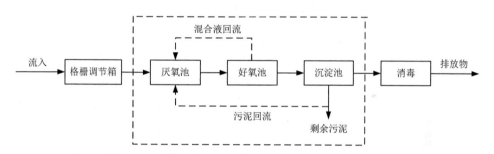

图 5-10 光伏光催化净水系统 A/O 一体化处理工艺流程

在此基础上，在经过雨水花园光伏光催化净水系统处理后，对污水的消减率进行计算，进而描述污水处理各个阶段的消减效率，得出光伏光催化净水系统的污水消减消除效果。污水消减率计算表达式：

$$P = \frac{M_a - M_c}{M_a} \times 100\% \tag{5-8}$$

式中：M_a 为雨水花园污水进水时的污染物含量；M_c 为雨水花园污水出水时的污染物含量。

通过该计算表达式，得出污水各个组合之间不同的消减效果。基于污水组合消减效果，不断调节光伏光催化净水系统的运行方式，全面实现雨水花园污水处理的目标。

四、实验分析

1. 实验准备

选取研究区域内一个改造后的海绵小区作为此次实验研究的工程实例，该小区始建于 20 世纪 90 年代，被列入四川省凉山州海绵小区重点改造项目。小区现有五栋建筑，小区地理位置优越，交通便利，雨水花园位于小区的北侧。本研究范围中的汇水区域包含了其周边区域和相关的市政管网，总面积为 8516m²，径流控制面积为 764m²，宽度为 12m，有效蓄水深度 200m。雨水花园及相关区域内地势平坦，无特殊地形地貌。区域土壤类型主要为壤土、风砂土、粘土三种，雨水花园土壤渗流性能数据如表 5-4 所示。

表 5-4　雨水花园土壤渗流性能数据

土壤类别	单位重/（g/100g）	孔隙率/%	孔隙比	渗透系数/（cm/d）
棕壤和砂土	1.12	57.27	1.34	53.49
棕壤（底部砂土）	1.24	52.31	1.09	44.05
肉桂粘土	1.28	51.05	1.04	41.87
棕壤（底部粘土）	1.26	52.37	1.12	44.39
棕壤（底部砂质）	1.12	56.41	1.33	52.41
棕壤到两合土	1.27	51.28	1.06	42.06
肉桂混合土	1.26	51.49	1.07	42.59
肉桂粘土	1.45	46.05	0.83	33.06
肉桂底土	1.24	53.26	1.12	45.71

小区整体地势上呈现中间高，南北低。雨水花园及小区北半区汇水区域收集的雨洪、污水等通过汇集式管渠输入到市政排水管网，且汇集方式为雨污合流制；小区南半区的雨洪通过汇集式管渠输送到市政排水管网，汇集方式为雨污分流制。该小区海绵城市项目改造化之前，小区内部绿地率较低，主要种植的植物有国槐、松柏、柳树、银杏、月季、草坪等多种类型。

2. 实验内容

在实验中，模拟污水的初始浓度范围在 5～20mg/L 之间，而制备的催化剂浓度为 0.2g/L。该实验利用连接太阳能控制器和蓄电池的系统，进行自运转实验。首先，定量的模拟污染物和催化剂置于 8L 去离子水中，在避光条件下充分搅拌 40min 以达到吸附平衡。随后，将混合物倒入水槽中，并在避光条件下运行系统 12min，待系统运行平稳后，去除遮光，开始光伏光催化降解实验。在实验过程中，会测试系统的电性能以及其对污染物的催化降解效果。在进行对比测试前，首先测试所构建系统的电性能，以说明其可有效进行工作，发挥其净化效果。通过公式（5-8）可知，短路电流影响着转换效率，因此，以短路电流和转换效率作为指标，将该系统所能达到的最大短路电流和转换率与标准结果相比，来说明系统的运作可行性。接着选取有机污染物降解率和降解速率作为此次对比实验的评价指标，降解率越高，说明雨水花园小规模污水处理效果越好，越符合绿色化学的要求；降解速率越高，说明其处理工作效率越高，该方法性能越好。将上述本研究提出的基于光伏光催化技术的污水处理方法设置为实验组，将两种常规方法 1、2 设置为对照组 A 和 B，展开对比分析。

3. 结果分析

（1）系统电性能测试。将该系统测得的所能达到的最大短路电流进行统计，并根据公式（5-8）对转换效率进行计算，将获得的结果与标准结果相比，最大短路电流和转换效率分析如表 5-5 所示。

表 5-5 最大短路电流和转换效率分析

项目	光伏光催化净水系统	标准值
最大短路电流/A	1.127	0.968
转换效率/%	98.9	95.7

分析表 5-5 所得结果可知，光伏光催化净水系统的最大短路电流可达到 1.127A，可远超出标准数值；且电能的转换效率可达到 98.9%，高于标准数值。综上所的结果分析可得出，该系统可进行有效的系统运行，可实现高效的电能转换，为其净化工作提供坚实的电能基础，实现雨水花园小规模污水处理，发挥出该系统的净化效果。

（2）降解率结果分析。利用 MATLAB 模拟分析软件，分别测定三种方法应用后，雨水花园小规模污水中各项有机污染物的降解率，使用 SPSS 统计分析软件，对测定结果作出整合统计，雨水花园小规模污水有机污染物降解率对比结果如图 5-11 所示。

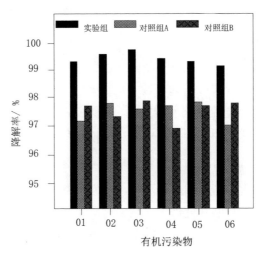

图 5-11　雨水花园小规模污水有机污染物降解率对比结果

图 5-11 中，01 表示联苯胺类化合物；02 表示丙烯醛；03 表示三氯乙醛；04 表示磷酸盐；05 表示硫酸盐；06 表示硫化氢。通过图 4 的对比结果可以看出，三种处理方法应用后，其污水有机物降解率存在较大差异。其中，本文提出方法应用后，6 种有机污染物降解率明显高于另外两种方法，均达到了 99%以上。而另两种方法的降解率均低于 98%。对比三种方法所的结果不难看出，本文提出的雨水花园小规模污水处理方法具有较高的可行性，能够有效地改善污水问题，全面降解水中污染物，净水效果较好，污染物消减能力较强。

（3）降解速率结果分析。根据上述实验测试结果可知，模拟污水在系统内反应一定时间后颜色完全褪去，实现对污染物的降解。为进一步验证所提方法的性能，通过降解耗时来对降解速率进行判断。在上述实验测试的基础上，对其将降解耗时进行统计。因为该实验测试是 MATLAB 中进行的，采用 tic-toc 函数完成其降解耗时的记录。基于光伏光催化技术的污水处理方法，常规方法1、常规方法2，三种方法的降解耗时对比结果如表 5-6 所示。

表 5-6　三种方法的降解耗时对比结果

有机污染物	降解时间/s		
	基于光伏光催化技术的污水处理方法	常规方法 1	常规方法 2
1	0.89	2.10	2.12
2	0.91	1.97	1.96
3	0.97	2.02	1.84
4	0.81	1.89	2.06
5	0.79	1.94	1.99
6	0.84	2.04	2.11

分析表 5-6 所得结果可知，本研究所提方法与对照方法所得结果存在较大的差距。研究所提方法对 6 种有机污染物降解耗时显然低于另两种常规方法的降解耗时，研究所提方法的降解耗时均维持在 1s 以内，且最长降解耗时为 0.97s；而另两种方法的降解耗时均在 1.8s 以上，其中常规方法 1 最短降解耗时为 1.89s，常规方法 2 最短降解耗时为 1.84s，均高于研究所提方法的降解耗时。由此可以说明，本研究所提的基于光伏光催化技术的雨水花园小规模污水处理方法具有较快的降解速率，可以快速的完成污水处理工作，且可保持较高的污水降解率，全面降解水中污染物，达到较好的净水效果，有效地改善污水问题。

常规的小规模污水处理多数采用生物接触氧化工艺原理，适用范围有限，污水中污染物的降解率较低，污水处理效果不佳，本研究引入一种新型的污水处理技术，光伏光催化技术，利用太阳能这种可再生能源，通过设计实验结果分析，发现提升了污水处理的质量与效率，对废水中有机污染物的降解效果较好，工艺处理流程简单，投入成本较少，符合现阶段绿色可持续发展的各项要求。

本 章 小 结

本章内容主要通过对研究区域雨水收集的主要形式和针对区域特点进行雨水的处理，从雨水收集设计、利用光伏光催化技术处理雨水花园小规模污水处理设计并进行实验验证，为雨水花园的污水处理提供理论参考。

（1）在研究雨水收集方式方面，主要关注建筑屋面、道路表面和绿地这三个区域。首先，需要收集年降雨量数据，并运用径流系数对地面汇水面积、地势坡度、建筑密度分布以及道路铺设情况进行细致分析。然后，着手初步设计嵌入式雨水收集系统，其中包括合理布置雨水管渠等。为了控制雨水径流对污染物的冲刷和输送规律，采用初期雨水弃流和旋流分离技术对收集的雨水进行处理。通过这样的方法，能够有效净化雨水，控制其中的杂质和非点源污染。此外，还可以借助旋流分离器将难以分离的泥沙从雨水中分离出来，实现城市雨水收集系统的综合设计。验证实验表明，采用雨水管渠设计方法可以相当准确地计算雨水量；而通过旋流分离系统对雨水资源进行进一步污染物控制处理，则显示出较高的综合利用率，优于传统的雨水收集方法。

（2）本研究通过收集雨水，利用基于光伏光催化技术的方法来进行小规模污水处理。该技术基于光谱分割利用，将光催化氧化与光伏发电技术相结合，以实现利用太阳能处理污水的目的。在处理过程中，紫外光谱被用于光催化降解废水，同时利用可见光谱和近红外光谱在电池表面发电，从废水中循环利用并提供电能，同时通过远红外光谱被废水吸收，以确保电池在较低的工作温度下进行工作。采用水热法，制备光催化剂，为污水处理提供基础保障，模拟设计雨水花园模型，获取小规模污水组分及含量。在此基础上，设计雨水花园光伏光催化净水系统，通过光伏光催化技术与净水系统 A/O 一体化工艺，全面实现污水处理目标。验证实验选取有机污染物降解率和降解速率作为此次对比实验的评价指标，通过与传统方法对比分析，光伏光催化方法能够显著提升雨水花园污水中有机污染物的降解率，全面降解水中污染物，净水效果较好，污染物消减能力较强。

第六章 乡村振兴背景下小城镇雨水花园实践

一、项目研究背景

我国城市防洪内涝的研究和实践体系逐步完善，但是农村的水环境治理相对落后。在扶贫脱贫之后国家又提出新的战役——乡村振兴战略，乡村振兴其中一个内容就是要提升乡村人居环境建设，做好乡村景观。乡村水安全的保护问题存在研究的薄弱点，受生活垃圾和工业污染的影响，安全用水面临的挑战。规划和建设的拖延使得农村无法应对气候变化和极端降雨事件，导致雨水资源利用不足，干旱时造成了农村供水短缺和水资源短缺的困境。在乡村振兴理念下，采用海绵城市雨水花园这一技术解决问题，提升乡村人居环境的质量，结合国情，探索一个既不破坏原有建筑风貌又适合小城镇发展的具有地方特色的海绵城市雨水花园，实现可持续发展。

二、项目建设基地概述

1. 基地选址

跑马镇菲地村隶属四川省宁南县，在 2018 年彝家新寨、异地扶贫搬迁项目中，是整体规划、整体搬迁的一个集中安置点。该安置点有 500 户的体量，总占地面积 34070.66m²，主要建筑物占地面积 10021.32m²，建筑密度 29%，容积率 1.55，其中 70m² 的房屋 3 栋，共 72 户；80m² 的房屋 6 栋，共 144 户；90m² 的房屋 16 栋，共 300 户；在原始图纸设计中包含给水、排水及雨水的总平面布置图及其他基础资料，500 户集中安置点建筑总平面图如图 6-1 所示、500 户集中安置点雨水总平面如图 6-2 所示。

图 6-1 500 户集中安置点建筑总平面图（原始图纸）

图 6-2　500 户集中安置点雨水总平面（原始图纸）

2. 设计目标与内容

（1）设计目标。本设计是在按照海绵城市的建设要求来进行设计研究的，在500户安置点中建设一个集监测、收集、利用以及植物配置的生态景观设计，将前期研究体现在此次设计中。

（2）设计内容。

1）下垫面分析设计（附图1：下垫面分布图）。

2）径流组织设计（附图2：汇水分区图）。

3）海绵设施设计（附图3：海绵设施布置图，附图4：海绵设施大样图）。

4）管网布置设计（附图5：海绵设施管网图）。

5）雨水花园设计（附图6：雨水花园大样图）。

三、实践设计

本设计按照海绵城市要求进行设计的施工图纸，具备施工条件，满足规范及国家强制性条文。在设计过程中污水管道保持原设计不变；增加了LID设施，本次设计对原室外雨水管道进行了适当的调整，取消了部分雨水管道，增加了管道及其他雨水传输设施。

1. 设计依据

（1）设计采用的规范及依据。

1）《室外排水设计标准》（GB 50014—2021）。

2）《建筑给水排水与节水通用规范》（GB 50020—2021）。

3）《城市排水工程规划规范》（GB 50318—2017）。

4）《建筑与小区雨水控制及利用工程技术规范》（GB 50400—2016）。

5）《城市工程管线综合规划规范》（GB 50289—2016）。

6）《建筑中水设计标准》（GB 50336—2018）。

7）《城镇雨水调蓄工程技术规范》（GB 51174—2017）。

8）《水资源规划规范》（GB/T 51051—2014）。

9）《雨水集蓄利用工程技术规范》（GB/T 50596—2010）。

10）《四川省绿色建筑评价标准》（DBJ51/T009—2018）。

11)《四川省低影响开发雨水控制与利用工程设计标准》(DBJ51/T084—2017)。

（2）基础资料。

1）建筑总平面施工图。

2）室外管线综合图（包括已建部分）。

3）周边市政排水资料。

4）地勘资料。

5）屋面设备布置图。

6）小区雨水总平面施工图。

7）项目用水量表。

8）景观平面图（道路、广场、绿地）。

9）土地出让要求（海绵城市方面）。

10）项目平面竖向图（体现场地标高）。

2．海绵城市建设情况分析

（1）下垫面情况分析。本项目在原始设计中是按传统模式开发设计的，下垫面类型主要有硬质屋面、硬化地面、绿地，500 户集中安置点下垫面分析如表 6-1 所示。

表 6-1　500 户集中安置点下垫面分析

指标基础分析表		
分区名称	面积/m^2	径流系数 ψ
硬质屋顶	10021.03	0.85
硬化地面	13344.63	0.85
绿地	10705.00	0.15
合计	综合面积：34070.66	综合径流系数：0.63

通过下垫面分析情况表，得出该项目按传统开发建设时综合径流系数 0.63，即雨水外排率为 63%。

传统的"快排"模式带来了许多问题：屋面、道路雨水径流污染严重，大量雨水资源流失，导致城市内涝、水土流失加剧以及地下水位下降等不利影响。为了解决这一问题，海绵城市专项设计采取了因地制宜的方法来选择源头减排、过程控制和末端调蓄等技术措施，以弥补传统雨水系统的不足。其目标是实现雨水的资源化利用，减少外排量并降低面源污染。

（2）雨水年径流总量控制率目标。该项目为二类居住用地，根据《四川省海绵城市建设技术导则（试行）》及本项目海绵城市建设条件通知书，年径流总量控制率指标为 70%，即对应的设计降雨量为 16.2mm，四川省海绵城市建设年径流控制雨量如表 6-2 所示。

表 6-2　四川省海绵城市建设年径流控制雨量

年径流总量控制率/%	60	65	70	75	80	85
设计降雨量/mm	12.0	14.6	16.2	19.1	23.0	27.5

3. 可持续发展海绵城市设计

（1）设计原则。

1）海绵城市目标可达原则。根据《四川省海绵城市建设技术导则（试行）》以及海绵城市建设条件通知书中指标要求布置低影响开发设施，满足各项指标要求。

2）海绵城市与景观结合原则。布置 LID 设施尽量与小区内部景观设施有机结合，在不影响景观品质的同时达到雨水消纳、净化功能。

3）安全为本、因地制宜。根据项目条件，选用适宜的雨水设施，确保排水通畅。

4）经济适用性原则。优选建设成本低、便于运营维护、环保、节约用地的技术措施和材料，合理利用地形、管网科学布局降低建设及运营成本。

（2）径流组织分区设计。根据项目总体布置及场地竖向设计，将项目划分为一个汇水分区，面积为 34070.66m²，综合径流系数为 0.61。汇水分区下垫面解析及综合径流系数计算如表 6-3 所示。

表 6-3　汇水分区下垫面解析及综合径流系数计算

下垫面类型	汇水分区一	
	面积/m²	径流系数 ψ
普通铺装	12246.63	0.85
植草砖停车位	1098.00	0.3
硬质屋顶	10021.03	0.85

续表

下垫面类型	汇水分区一	
	面积/m²	径流系数 ψ
雨水花园	747.85	0.15
高位花坛	18.00	—
普通绿地	9939.15	0.15
合计	综合面积：34070.66	综合径流系数：0.61

雨水径流组织路径图如图 6-3 所示。

图 6-3　雨水径流组织路径图

（3）低影响开发系统设计。

1）室外场地设计。小区车行道、路面比周围绿化带高 5～10cm 左右，便于径流雨水汇入绿地内 LID 设施。

采用生态排水技术对路面雨水进行处理。首先，道路表面的雨水会首先流入周围的绿化带和 LID 设施中，然后在进入 LID 设施前，通过级配碎石预处理，以避免径流雨水对绿地环境的破坏。其次，经过溢流排放系统与其他 LID 设施或城市雨水管渠系统相衔接，实现排水处理全过程。

本项目采用雨水花园、高位花坛等小型、LID 设施，并衔接整体场地竖向排水设计。需要选择那些具有耐盐碱、耐淹和耐污等优秀特性的本土植物，以确保设施内植物能够良好生长并发挥最佳效果。绿化浇灌、道路浇洒及地下室浇洒用水优先选用雨水。

2）面源污染削减控制。该项目污染源主要为初期雨水面源污染，雨水通过下沉式绿地等处理后，对初期雨水的面源污染进行控制，LID 设施污染物控制指标分析如表 6-4 所示。

表 6-4　LID 设施污染物控制指标分析

序号	LID 设施	污染物去除率（以 SS 计算/%）
1	雨水花园	80
2	高位花坛	80
3	雨水蓄水池	85

（4）低影响开发设施设计。

1）雨水调蓄设施。本项目雨水调蓄设施主要为雨水花园、高位花坛、雨水蓄水池，对雨水进行调蓄、收集回用，达到减少雨水外排的目的。

2）溢流口。雨水花园内的溢流口采用方形溢流口。

3）雨水回用系统。本项目设置雨水回用系统，初期雨水过滤弃流系统采用过滤弃流装置，头道雨水带有大量较大杂物，不能使头道雨水不经过过滤和弃流进入蓄水池，过滤后可以排除掉较大杂物，有利于水池维护。

雨水回用系统应与生活饮用水管道分隔设置，确保雨水不进入供水系统。在进行饮用水补给时，必须采取预防措施，以确保生活饮用水不受污染，并满足以下标准：①清水池内的自来水管出水口高于清水池内溢流水位，且间距不得小于 2.5 倍补水管管径，并不小于 150mm。②往蓄水池注水时，应将注水口设置在池外且高于地面水平。雨水供水管道不应安装任何水龙头，并需采取预防措施，以杜绝误喝、误接或误用的情况发生。③雨水供水管外壁按设计规定涂色或标识。④当设雨水口时，应设锁具或专门开启的工具。⑤水池、阀门、水表、给水栓、取水口均应有醒目的"雨水"标识。

4. 年径流总量控制率指标校核

建设用地内应控制年径流总量控制率对应的设计降雨量，需控制的径流总量容积应按下式计算：

$$V=10H\psi F \tag{6-1}$$

式中：V 为设计调蓄容积（m^3）；H 为设计降雨量（mm）；ψ 为综合雨量径流系数；F 为汇水面积（hm^2）。

年径流总量控制率为 70%，对应的设计降雨量为 16.2mm，计算本场地所需的调蓄容积总量为 $V=10×0.61×16.2×3.407066=337.98m^3$，汇水分区径流系数计算表如表 6-5 所示。

表 6-5　汇水分区径流系数计算表

下垫面类型	面积/m²	径流系数 ψ	污染物去除率（以 SS 计算/%）
普通铺装	12246.63	0.85	—
透水铺装	1098.00	0.3	—
硬质屋顶	10021.03	0.85	—
雨水花园	747.85	0.15	—
高位花坛	18.00	0.15	—
普通绿地	9939.15	0.15	—
合计	综合面积：34070.66	综合径流系数：0.61	—

雨水花园有效调蓄容积为 747.85×0.25=186.96m³

高位花坛有效调蓄容积为 72×0.1=7.2m³

本次雨水调蓄池有效容积为 144.3m³，其中用于收集回用雨水的蓄水池容积约为 144.3m³，则本项目对应的实际控制年径流总量 144.3+186.96+7.2=338.46m³，大于目标调蓄容积 337.98m³，满足年径流总量控制率的要求。

实际控制降雨量为 $H=V/(10×\psi×F)=338.46/(10×0.61×3.407066)=16.2mm$，实际年径流总量控制率为 70%，满足年径流总量控制率的要求。

四、系统维护

（1）工程管理机构必须配置专职人员，定期进行工程运行状态的观测和检查，并且及时处理发现的任何异常情况。

（2）对于工程运行管理机构而言，要建立一套完善的雨水利用系统维护管理规定，确保水质监测数据的记录。在维护管理规定中，至少应包括以下要点：

1）在旱季期间，需要定期对雨水回收系统管道和雨水井进行清理，并记录清理过程。

2）在雨季到来之前，需要对雨水回收系统、处理设备和渗透设施等进行全面检查和维护。同时，应该在维护管理条例中采用专门的工作记录单形式，明确检查人员、内容、方法、处理方案和操作规程等。这样做可以确保雨水处理系统的正常运行，并且提高系统的可靠性和稳定性。

本 章 小 结

　　本章内容是针对四川省宁南县一个 500 户集中安置点的小城镇雨水花园，在原有的雨水、污水管网基础上进行规划设计。在设计过程中保持原有的建筑风格，体现彝家文化特色，通过对下垫面分析、径流组织、海绵设施、管网布置、雨水花园的设计，使雨水的利用达到年径流控制总目标。

　　建成后的雨水花园应定期维护管理，除了对雨水利用系统维护和水质监测，还需要对种植植物进行管理，尽量用本土植物进行搭配种植，满足雨水花园的使用要求。

结　　语

　　雨水花园作为海绵城市建设和低影响开发的一部分，已成为雨水资源管理和利用的重要措施。经过数十年的发展，雨水花园的研究和应用日益丰富。最初的雨水花园是在建筑周围种植植物并注入植被土壤，其主要功能是雨水滞留，实现植物和土壤对雨水的净化。如今，各种规模和多样化的表现形式拓展了当代雨水花园的景观表达空间，使其从简单的雨水管理工程措施发展成为景观基础设施，并在功能性和艺术性上都有了显著提高。如今的雨水花园是融合了雨水管理理念的景观设计作品。

　　雨水花园具有建设成本低、使用价值高的特点，可以有效实现降低污染、调节地表径流等目标，确保水资源的合理利用。本研究通过深入研究分析，得出几点结论，希望可以为该领域的发展提供一些参考。

　　本研究对海绵城市雨水花园有以下结论。

　　（1）海绵城市理念的践行，使雨水花园的发展建设提供了新的机遇。本研究通过对雨水花园的发展和海绵城市的规划，提出生态优化布置的设计策略，分析了雨水花园对城市的调蓄效果。

　　（2）提出了雨水花园的设计步骤和各项设计方法。通过规范雨水花园的设计，使之更加科学。

　　（3）根据本研究的雨水花园的规划设计，通过案例验证了本研究方法具有实用的意义。

　　本研究对海绵城市中雨水花园运行及维护有以下建议。

　　（1）重视前期准备工作。在海绵城市中建设雨水花园需要侧重考虑当地实际环境与自然条件，据此规划其维护工作的主要内容、侧重方向，基于此综合设置雨水花园各项控制指标，以合理的控制体系作为雨水花园维护前期准备工作的重要数据支撑。

　　（2）强化对雨水花园的规划管理。在雨水花园的规划管理阶段，需要全面、具体地了解该城市内水循环情况、防洪排涝系统实际、交通情况等规划要素。根据城市规划要素实施基础设施的规划管理，与此同时加强土地规划问题的监督与管理，根据上述管理内容设置规划指标，针对没有达到要求的规划内容，需要采取措施进行处理。

（3）强化对雨水花园的维护管理。在雨水花园的维护管理阶段，需要对城市建设中的公共项目进行考量，如城市排水设施、道路、公园等公共基础设施。针对公共影响较低的项目需要进行限制，使管理部门对该项目进行监督，确保维护工作有效落实。

参 考 文 献

[1] 赵杨. 城市积水与内涝对策研究[D]. 北京：北京建筑工程学院，2012.

[2] 唐双成，罗纨，贾忠华，等. 雨水花园对暴雨径流的削减效果[J]. 水科学进展，2015，26（6）：787-794.

[3] 邓刚. 凉山彝族新农村建设环境与装饰艺术研究[J]. 中华文化论坛，2017（6）：181-186.

[4] BROWN R, KEATH N, WONG T H F. Urban water management in cities: historical, current and future regimes[J]. Water science & technology, 2009, 59(5): 874-55.

[5] 车伍，闫攀，杨正，等. 既有建筑雨水控制利用系统改造策略[J]. 住宅产业，2012（9）：24-27.

[6] 徐多. 基于 SWMM 的海绵校园径流控制效果评估：以萍乡市北星小学为例[J]. 水利水电技术，2019，50（7）：32-39.

[7] 胡爱兵，李子富，张书涵，等. 模拟生物滞留池净化城市机动车道雨水径流[J]. 中国给水排水，2012，28（13）：75-78.

[8] 吴献平，周玉文，杨宏，等. 分散设置雨水调节池方法研究[J]. 中国给水排水，2017，33（21）：114-118.

[9] BURAGOHAIN P, GARG A, LIN P, et al. Exploring potential of fly ash–bentonite mix as a liner material in waste containment systems under concept of sponge city[J]. Advances in civil engineering materials, 2018, 7(1): 20170092.

[10] 王赛楠，尹彤云，秦凯凯，等. 基于海绵城市理论的城市雨水生态利用系统的设计[J]. 广东化工，2019，46（2）：167-169.

[11] 杨雪锋，郑欢欢. 海绵城市背景下国内外雨洪管理政策与实践探索[J]. 中国名城，2019（4）：45-49.

[12] 裴青宝，黄监初，桂发亮，等. 海绵城市建设对萍乡市城区河流健康影响评价[J]. 南昌工程学院学报，2019，38（6）：69-74.

[13] GRIFFITHS J, CHAN F K S, SHAO M, et al. Interpretation and application of sponge city guidelines in China[J]. Philosophical transactions. series a, mathematical,

physical, and engineering sciences, 2020, 378(2168): 20190222.

[14] 倪维. 海绵城市理念在市政给排水设计中的运用[J]. 中文科技期刊数据库（全文版）工程技术，2017（12）：108.

[15] 王宁，曾坚，丁锶湲. 空间治理背景下海绵城市规划体系和实施研究[J]. 城市规划，2020，44（11）：30-37.

[16] 阮成天. 城市建筑海绵措施设计结构及要点浅析[J]. 建筑工程与管理，2020，2（12）：22-25.

[17] 杨默远，刘昌明，潘兴瑶，等. 基于水循环视角的海绵城市系统及研究要点解析[J]. 地理学报，2020，75（9）：1831-1844.

[18] 李玲，肖子牛，罗淑湘，等. 城市极端降水事件及海绵城市建设应对策略[J]. 建筑技术，2020，51（1）：81-85.

[19] 寿银海. 空间综合治理背景下的海绵城市格局规划研究[J]. 建筑技术研究，2022，5（3）：67-69.

[20] NGUYEN T T, NGO H H, GUO W, et al .A new model framework for sponge city implementation: emerging challenges and future developments[J]. Journal of environmental management, 2020, 253(1): 109689.1-109689.14.

[21] LIU L P, LIU W, LI P, et al. Discussion on construction planning and rainwater control and utilization facilities under background of sponge city construction in loess area[J]. E3S web of conferences, 2020, 198: 4017.

[22] HAICHAO L I, ISHIDAIRA H, SOUMA K, et al. Assessment of the flood control capacity and cost efficiency of sponge city construction in city, China[J]. Journal of Japan society of civil engineers, ser. g:environmental research, 2020, 76(5): I_335-I_342.

[23] JIANG A Z, MCBEAN E A. Sponge city: using the "one water" concept to improve understanding of flood management effectiveness[J]. Water, 2021, 13(5): 583.

[24] KUMAR N, LIU X, NARAYANASAMYDAMODARAN S, et al. A systematic review comparing urban flood management practices in india to China'S sponge city program[J]. Sustainability, 2021, 13(11): 1-30.

[25] HAMIDI A, RAMAVANDI B, SORIAL G A. Sponge city: an emerging concept in sustainable water resource management: a scientometric analysis[J]. Resources, environment and sustainability, 2021, 5: 100028.

[26] KSTER S. How the sponge city becomes a supplementary water supply infrastructure[J]. Water-Energy nexus, 2021, 4(1): 35-40.

[27] YAO Q Z. Discussion on the application of sponge city concept in architectural water supply and drainage design[J]. 外文科技期刊数据库（文摘版）工程技术，2022（7）：92-96.

[28] FOWDAR H, PAYNE E, DELETIC A, et al. Advancing the sponge city agenda: evaluation of 22 plant species across a broad range of life forms for stormwater management[J]. Ecological engineering, 2022, 175: 106501.1-106501.11.

[29] 杨磊. 海绵城市理念在城市水土保持中的运用研究[J]. 水电水利，2022，6（9）：10-12.

[30] 牛童. 基于海绵城市背景下的雨水花园规划设计探究[D]. 山东:青岛理工大学，2016.

[31] 伍业钢. 海绵城市设计：理念、技术、案例[M]. 南京：江苏科学技术出版社，2015.

[32] 殷利华，城市雨水花园营建理论及实践[M]. 武汉：华中科技大学出版社，2018.

[33] 李强，贾博，权海源，等. 绿色街道理论与设计[J]. 建筑学报，2013（S1）：147-152.

[34] DUNNETT N, CLAYDEN A. Rain gardens managing water sustainably in the garden and designed landscape[M]. Portland oregon, USA: timber press, 2007.

[35] RILEY E D, KRAUS H T, BILDERBACK T E, et al. Impact of engineered filter bed substrate composition and plants on stormwater remediation within a rain garden system1[J]. 2018, 36(1):30-44.

[36] NICHOLS W. Modeling performance of an operational urban rain garden using HYDRUS-1D[D]. Pennsylvania, USA: villanova university, 2018.

[37] 唐双成，罗纨，许青，等. 基于 DRAINMOD 模型的雨水花园运行效果影响因素[J]. 水科学进展，2018，29（3）：407-414.

[38] MOHAMMED W, WELKER A L, PRESS J. Effect of geotechnical parameters on the percolation performance of an established rain garden in pennsylvania[C]. Reston, USA:American society of civil engineers, 2019.

[39] 马晓菲，石龙宇. 基于景感学的景感营造研究：以雨水花园为例[J]. 生态学报，2020，40（22）：8167-8175.

[40] 缪遇虹,张质明,张胜雷. 基于 GIS 的雨水花园建设适宜性评价方法研究[J]. 中国给水排水,2020,36(3):102-108.

[41] KELLY D, WILSON K, KALAICHELVAM A, et al. Hydrological and planting design of an experimental raingarden at the royal botanic garden edinburgh[J]. The international journal of botanic garden horticulture, 2020(19): 69-84.

[42] WADZUK B, DELVECCHIO T, SAMPLE-LORD K, et al. Nutrient removal in rain garden lysimeters with different soil types[J]. Journal of sustainable water in the built environment, 2021, 7(1): 4020018.

[43] MAKBUL R, DESI N. Reduction of gray water and run-off in a residential environment with rain garden model: case study "settlements in makassar city"[J]. IOP conference series earth and environmental science 2021, 921(1).

[44] 闫丹丹,李怀恩,李家科,等. 雨水花园土壤重金属的累积效应与污染风险研究[J]. 环境科学学报,2021(8):3359-3365.

[45] 崔野. 植物对山地城市雨水花园脱氮除磷效能影响研究[J]. 人民长江,2022,53(5):88-93.

[46] RASHID A R M, BHUIYAN M A, PRAMANIK B, et al. A comparison of environmental impacts between rainwater harvesting and rain garden scenarios[J]. Process safety and environmental protection, 2022, 159:198-212.

[47] DIETZ M E. Low impact development practices: a review of current research and recommendations for future directions[J]. Water, air and soil pollution, 2007, 186(1/4): 351-363.

[48] 李强. 低影响开发理论与方法述评[J]. 城市发展研究,2013,20(6):30-35.

[49] YANG Y, CHUI T F M. Rapid assessment of hydrologic performance of low impact development practices under design storms[J]. Journal of the american water resources association, 2018, 54(3): 613-630.

[50] LIU L G, SUN X Y. Low-Impact Development(LID) of the water ecological environment in rural areas: a case study of the wei river wetland in fengxi new city of xixian new area[J]. Journal of landscape research, 2019(4): 35-38.

[51] 罗艳霞. LID 技术在寒冷地区的应用研究[J]. 四川水泥,2019(11):1.

[52] HAGER J, HU G J, HEWAGE K, et al. Performance of low-impact development best management practices: a critical review[J]. Environmental reviews, 2019, 27(1):17-42.

[53] 王华，张成. LID 技术在绿色建筑材料管理过程中的应用研究[J]. 合成材料老化与应用，2020，49（5）：173-176.

[54] ZHANG P F, ARIARATNAM S T. Life cycle cost savings analysis on traditional drainage systems from low impact development strategies[J]. Frontiers of engineering management, 2020, 8(1): 88-97.

[55] YANG W Y, BRUGGEMANN K, SEGUYA K D, et al. Measuring performance of low impact development practices for the surface runoff management[J]. Environmental science and ecotechnology, 2020(1): 74-82.

[56] 王烨，郑茹，郭超. LID 技术在城市高架桥下空间设计中的应用[J]. 智能建筑与智慧城市，2020（2）：78-80.

[57] 牛媛媛. 探索 LID 技术应用于机场建设的研究[J]. 给水排水，2020，56（S01）：337-340.

[58] ABDULJALEEL Y, DEMISSIE Y. Evaluation and optimization of low impact development designs for sustainable stormwater management in a changing climate[J]. Water, 2021, 13(20): 2889.

[59] 郑国栋. 海绵城市下沉式道路排水设计及 LID 设施技术[J]. 科学技术创新，2021（3）：121-122.

[60] 温志亭. 低影响开发（LID）技术在海绵城市建设中的应用：以珠海市横琴新区为例[J]. 湿地科学与管理，2022，18（6）：77-80.

[61] AMELA G, JASNA G, BOSKO B. Contribution of low impact development practices-bioretention systems towards urban flood resilience: case study of novi sad, serbia[J]. Environmental engineering research, 2022, 27(4): 210125.1-210125.12.

[62] ABDELJABER A, ABDALLAH M, GHANIMA R, et al. Comparative performance and cost-integrated life cycle assessment of low impact development controls for sustainable stormwater management[J]. Environmental impact assessment review, 2022, 95: 106805.1-106805.12.

[63] 关广禄. 厦门集美软件园市政道路 LID 技术指标 Pearson 分析与研究[J]. 工程建设与设计，2023（3）：95-99.

[64] 梁峰. LID 关键技术在海绵城市建设中的应用[J]. 科学技术创新，2023（7）：143-146.

[65] 胡爱兵，任心欣，裴古中. 采用 SWMM 模拟 LID 市政道路的雨洪控制效

果[J]. 中国给水排水，2015，31（23）：130-133.

[66] 梅超，刘家宏，王浩，等. SWMM 原理解析与应用展望[J]. 水利水电技术，2017，48（5）：33-42.

[67] 刘俊，徐向阳. 城市雨洪模型在天津市区排水分析计算中的应用[J]. 海河水利，2001（1）：9-11.

[68] 朱培元，傅春，肖存艳. 基于 SWMM 的住宅区多 LID 措施雨水系统径流控制[J]. 水电能源科学，2018，36（3）：10-13.

[69] PANOS C L, WOLFAND J M, HOGUE T S. SWMM sensitivity to LID siting and routing parameters: implications for stormwater regulatory compliance[J]. JAWRA journal of the american water resources association, 2020, 56(5): 790-809.

[70] TAGHIZADEH S, KHANI S, RAJAEE T. Hybrid SWMM and particle swarm optimization model for urban runoff water quality control by using green infrastructures (LID-BMPs)[J]. Urban forestry & urban greening, 2021, 60(1).

[71] PARNAS F E A, ABDALLA E M H, MUTHANNA T M. Evaluating three commonly used infiltration methods for permeable surfaces in urban areas using the SWMM and STORM[J]. Hydrology research, 2021, 52(1): 160-175.

[72] 李昂，刘加强，汪思颖. 基于 SWMM 模型模拟的现状城市排水管网评估[J]. 净水技术，2022，41（11）：121-126.

[73] 王建富，郭豪，秦祎，等. 基于 SWMM 模型的排水分区参数率定：以迁安市为例[J]. 净水技术，2022，41（5）：122-130.

[74] HOU L, WU F Q, XIE X L. The spatial characteristics and relationships between landscape pattern and ecosystem service value along an urban-rural gradient in Xi'an city, China[J]. Ecological indicators, 2020, 108: 105720.1-105720.10.

[75] 庞春雨，王俐人. 生态环保城市街道微商业设施合理布局仿真[J]. 计算机仿真，2020，37（5）：179-182，272.

[76] 赵鹏康，蒲尊严，杨笑宇，等. 电流方式对 5356-TIG 增材制造组织性能的影响[J]. 兵器材料科学与工程，2020，43（2）：47-51.

[77] VINARDELL S, ASTALS S, KOCH K, et al. Co-digestion of sewage sludge and food waste in a wastewater treatment plant based on mainstream anaerobic membrane bioreactor technology: a techno-economic evaluation[J]. Bioresource

technology, 2021, 330.

[78] LI Y P, WANG Y, LIU R H, et al. Mercury speciation transformation in sewage of the sewage treatment process[J]. IOP conference series earth and environmental science, 2021, 770(1): 12069.

[79] ODUSANYA T I, OWOLABI C O, OLOSUNDE O M, et al. Propagation and seedling growth of some species used as ornamental hedges in landscape design[J]. Ornamental horticulture, 2019, 25(4): 383-389.

[80] 吴一非，吴江. VR 技术下广场绿化景观格局数据关键帧解析[J]. 计算机仿真，2021，38（3）：336-340.

[81] CHAUDHRY A K, ALAM M A, KUMAR K. Groundwater contamination monitoring and modeling for a part of satluj river basin[J]. Desalination publications, 2021, 212:152-163.

[82] BAI L, HUO Z J, ZENG Z F, et al. Groundwater flow monitoring using time-lapse electrical resistivity and self potential data[J]. Journal of applied geophysics, 2021, 193.

[83] GHARAVI H A, BARARZADEH L M, SABOOHI Y. Water-energy nexus: condition monitoring and the performance optimization of a hybrid cooling system[J]. Water-Energy nexus, 2021, 4: 149-164.

[84] MARLETTA V. Design of an FBG based water leakage monitoring system, case of study: an fbg pressure sensor[J]. IEEE instrumentation and measurement magazine, 2021, 24(5): 75-82.

[85] EATON A, BURLINGAME G. Aligning quality assurance requirements and water quality monitoring goals[J]. Journal - American water works association, 2021, 113(9): 22-31.

[86] LI D D, YANG J, SONG Y L, et al. Bryomonitoring to water pollution: research, application and prospect[J]. Guihaia, 2021, 41(10): 1719-1729.

[87] FIELKE S, TAYLOR B M, COGGAN A, et al. Understanding power, social capital and trust alongside near real-time water quality monitoring and technological development collaboration[J]. Journal of rural studies, 2022, 92: 120-131.

[88] SRIVASTAVA N, CHATTOPADHYAY J. Advancement in the use of microbes as primers for monitoring water quality[J]. Microbial resource technologies for sustainable development, 2022: 227-236.

[89] DUTTA K, DAVEREY A, SARKAR A. Surface and groundwater pollution: Monitoring and remediation methods[J]. Environmental quality management, 2022, 31(4): 9.

[90] CASCONE C, MURPHY K R, MARKENSTEN H, et al. Abspectrosco PY, a Python toolbox for absorbance-based sensor data in water quality monitoring[J]. Environmental science: water research & technology, 2022,8(4): 836-848.

[91] RASHID A, BHUIYAN M A, PRAMANIK B, et al. A comparison of environmental impacts between rainwater harvesting and rain garden scenarios[J]. Process safety and environmental protection, 2022, 159: 198-212.

[92] INGLES J, LOUW T M, BOOYSEN M J. Water quality assessment using a portable UV optical absorbance nitrate sensor with a scintillator and smartphone camera[J]. Water S.A, 2021, 47(1): 135-140.

[93] ZHANG A, HAO T, ZHOU H, et al. Analysis on characteristics of Baiyang river basin and water requirement of ecological vegetation in Xinjiang[J]. Acta ecologica sinica, 2021, 41(5): 1921-1930.

[94] DING B, ZHANG Y, YU X, et al. Effects of forest cover type and ratio changes on runoff and its components[J]. International soil and water conservation research, 2022, 10(3): 445-456.

[95] 徐铭美, 方睿, 罗鸣, 等. 基于小样本学习的降雨云分类及天气预测[J]. 计算机仿真, 2023, 40 (1): 349-353.

[96] ZHU X, LU Y T, WU P H, et al. Spatial: temporal analysis of landscape ecological risk in different seasons during the past 30 years in lake Shengjin wetland, lower reaches of the Yangtze river[J]. Journal of lake sciences, 2020, 32(3): 813-825.

[97] 徐玮瞳, 王建龙, 武彦杰, 等. 雨水花园对雨水径流热污染效果试验研究[J]. 水利水电技术, 2020, 51 (9): 162-167.

[98] 皮尧, 宋楷, 笛张耀, 等. 雨水花园在长江大保护岳阳项目中的应用[J]. 施工技术, 2020, 49 (18): 55-57.

[99] 王俊岭, 梁慧, 杨明霞, 等. 前池雨水花园系统对工业区雨水净化效果研究[J]. 应用化工, 2021, 50 (12): 3265-3269.

[100] LIU S,LIU G C,ZHOU H Y. A robust parallel object tracking method for illumination variations[J]. Mobile networks and applications, 2019, 24(1): 5-17.

[101] GUNEROGLU N, BEKAR M, SAHIN E K. Plant selection for roadside design: the view of landscape architects[J]. Environmental science and pollution research, 2019, 26(33): 34430-34439.

[102] LIU S, FU W, HE L, et al. Distribution of primary additional errors infractal encoding method[J]. Multimedia tools and applications, 2017, 76(4): 5787-5802.

[103] 陈斐. 雨水花园在景观设计中的应用探讨[J]. 安徽农学通报，2020，26（13）：69-70，91.

[104] 徐鹤桐. 雨水花园在北方民居景观设计中的应用探析[J]. 青年与社会，2019（21）：205.

[105] 张曼颖. 海绵城市理念下的雨水花园水景设计[J]. 艺术科技，2017，30（11）：73.

[106] GUI Y, ZHANG R. Landscape design of rural rainwater utilization based on LID concept[J]. IOP conference series earth and environmental science, 2020, 598(98): 12010-12019.

[107] WANG R. Retracted article: landscape design of rainwater reuse based on ecological natural environment: hangzhou as an example[J]. Arabian journal ofgeosciences, 2021, 14(18): 1-11.

[108] LUO G, GUO Y, WANG L, et al.Application of computer simulation and high-precision visual matching technology in green city garden landscape design[J]. Environmental technology &innovation, 2021, 24(4): 101801-101809.

[109] 张卫国. 城市道路园林景观设计之"雨水花园"的应用探讨[J]. 中国住宅设施，2020，19（5）：99-101.

[110] 方美清，颜苏娣，孙璐，等. 基于雨水花园的盐城市旧居住区景观设计策略研究[J]. 湖南包装，2020，35（5）：62-66.

[111] 潘雨，住宅小区雨水花园海绵化景观设计分析[J]. 绿色建筑，2021，13（4）：29-34.

[112] 郭福建，卢漫，朱宇晗，等. 大型城市生态景观绿带雨水花园设计研究[J]. 市政技术，2021，39（8）：202-206.

[113] ZHAO Y, LIU J, CHEN Y, et al. A creative analysis of factors affecting the landscape construction of urban temple garden plants based on tourists' perceptions[J]. Sustainability, 2022, 14(2): 991-991.

[114] WANG R. Retraction note: landscape design of rainwater reuse based on

ecological natural environment: Hangzhou as an example[J]. Arabian journal of geosciences,2021,18(6): 122-126.

[115] WANG M. Investigation of remote sensing image and big data analytic for urban garden landscape design and environmental planning[J]. Arabian journal of geosciences, 2021, 14(6): 473-482.

[116] YU L, XIE X, WEI L. Green urban garden landscape design and soil microbial environmental protection based on virtual visualization system[J]. Arabian journal of geosciences, 2021, 14(12): 1-16.

[117] WANG R. Design of visual landscape garden environment of plant landscape based on cad software[J]. Journal of physics: conference series, 2021, 1992(2): 22159-22166.

[118] XU L J. Application of lending landscape in lingnan garden in urban landscape design[J]. Literature, 2020(33): 193-194.

[119] 李丰彩，祝仁涛. 新自然主义草本植物景观在城市雨水花园中的应用与设计[J]. 现代园艺，2021，44（4）：96-97.

[120] 朱亚雯. 应对城市内涝的雨水花园设计研究：以南京梅谭花园为例[J]. 园林科技，2020（4）：41-46.

[121] 罗迪文，黄金柏，黄涌增，等. 城市草地植被根系层土壤水分对降雨的响应及蒸散发特性[J]. 扬州大学学报，2020，23（5）：39-44.

[122] THOMPSON A. Scenic stormwater management[J]. Buildings,2020,114(1): 16.

[123] KARAHAN F, DARAROUST S. Evaluation of vernacular architecture of uzundere district (architectural typology and physical form of building) in relation to ecological sustainable development[J]. Journal of Asian architecture and building engineering,2020,19(5): 490-501.

[124] HOLL K D. Primer of ecological restoration[J]. Landscape architecture, 2020, 110(6): 102.

[125] ARSENIO P, RODRIGUEZ-GONZALEZ P M, BERNEZ I, et al. Riparian vegetation restoration: does social perception reflect ecological value?[J]. River research and applications, 2020, 36(6): 907-920.

[126] SACHANOWICZ T. Sustainability in architecture of Zbigniew Abrahamowicz[J]. International journal of design & nature and ecodynamics, 2020, 15(1): 83-88.

[127] CHEN H Z, CHEN A, XU L L, et al. A deep learning CNN architecture applied

in smart near-infrared analysis of water pollution for agricultural irrigation resources[J]. Agricultural water management, 2020, 240(11).

[128] KAJTAZI T, ZOGIANI R. Harmonious architecture and adaptive reuse: urban gastro-lounge in prishtina[J]. Pollack periodica, 2021, 16(3): 146-150.

[129] CAI X, XU DW. Application of edge computing technology in hydrological spatial analysis and ecological planning[J]. International journal of environmental research and public health, 2021, 18(16): 8382.

[130] SALVIANO I R, GARDON F RAVANINI D S, ROZELY F. Ecological corridors and landscape planning: a model to select priority areas for connectivity maintenance[J]. Landscape ecology, 2021, 36(11): 3311-3328.

[131] WANG C, YANG W W, ZHU Y F, et al. Analysis of the impact of ancient city walls on urban landscape patterns by remote sensing[J]. Landscape and ecological engineering, 2021, 17(1): 29-39.

[132] ZHU J, ZHANG Z, LEI X H, et al. Ecological scheduling of the middle route of south-to-north water diversion project based on a reinforcement learning model[J]. Journal of hydrology, 2021, 596.

[133] JIA Q, ZHESSAKOV A. Study on ecological evaluation of urban land based on GIS and RS technology[J]. Arabian journal of geosciences, 2021, 14(4): 15-20.

[134] KOCAN N. Determination of urban sprawl on ecological network using edge analysis: a case study of usak:turkey[J]. Journal of environmental engineering and landscape management: International research towards sustainability, 2021, 29(3): 187-199.

[135] YUN B H, JIN N. Development of evaluation model of urban growth stage considering the connectivity between core and periphery[J]. Journal of urban planning and development, 2021, 147(2): 4021004.1- 4021004.11.

[136] LEHMANN P, AMMERMANN K, GAWEL E, et al. Managing spatial sustainability trade-offs: the case of wind power[J]. Ecological economics, 2021, 185: 107029.1-107029.12.

[137] YUAN J, ZHANG G X, CHEN L, et al. Experiment using semi-natural meadow vegetation for restoration of river revetments: a case study in the upper reaches of the Yangtze river[J]. Ecological engineering: the journal of ecotechnology, 2021, 159: 106095.1-106095.10.

[138] XIN R H, SKOV-PETERSEN H, ZENG J, et al. Identifying key areas of imbalanced supply and demand of ecosystem services at the urban agglomeration scale: a case study of the Fujian delta in China[J]. Science of the total environment, 2021, 791: 148173.

[139] ZHANG R, ZHANG L, ZHONG Q C, et al. An optimized evaluation method of an urban ecological network: The case of the Minhang district of Shanghai[J]. Urban forestry & urban greening, 2021, 62.

[140] GAO X, WANG J, LI C X, et al. Land use change simulation and spatial analysis of ecosystem service value in Shijiazhuang under multi-scenarios[J]. Environmental science and pollution research, 2021, 28(24): 31043-31058.

[141] LIU Z T, WU R, CHEN Y X, et al. Factors of ecosystem service values in a fast-developing region in China: insights from the joint impacts of human activities and natural conditions[J]. Journal of cleaner production,2021,297(May 15): 126588.1-126588.12.

[142] WYDRO U, A JABOŃSKA-TRYPU, HAWRYLIK E, et al. Heavy metals behavior in soil/plant system after sewage sludge application[J]. Energies, 2021, 14(6): 1584.

[143] RODRIGUES M M, VIANA D G, OLIVEIRA F C, et al. Sewage sludge as organic matrix in the manufacture of organomineral fertilizers: physical forms, environmental risks, and nutrients recycling[J]. Journal of cleaner production, 2021, 313(set.1): 127774.1-127774.10.

[144] Vinardell S, Astals S, Koch K, et al. Co-digestion of sewage sludge and food waste in a wastewater treatment plant based on mainstream anaerobic membrane bioreactor technology: a techno-economic evaluation[J]. Bioresource technology, 2021, 330:124978.

[145] 水博阳，宋小三，范文江. 光催化技术在水处理中的研究进展及挑战[J]. 化工进展，2021，40（22）：356-363.

[146] KARUNAKARAN C, SENTHILVELAN S. Photooxidation of aniline on alumina with sunlight and artificial UV light[J]. Catalysis communications, 2004, 6 (2): 159-165.

[147] Guo K, Li F. Design and application of sewage treatment technology in fieldbus control system[J]. IOP conference series: earth and environmental science, 2021,

865(1): 12003.

[148] LACA T A, GEMMA M, RICCARDO G, et al. Phosphorus recovery from sewage sludge hydrochar: Process optimization by response surface methodology[J]. Water science & technology: a journal of the international association on water pollution research, 2021, 82(11): 2331-2343.

[149] ARAGON-BRICEO C I, ROSS A B, CAMARGO-VALERO M A. Mass and energy integration study of hydrothermal carbonization with anaerobic digestion of sewage sludge[J]. Renewable energy, 2021, 167:473-483.

[150] PENG B, HU S Y, WANG Z, et al. Present situation and problems of decentralized treatment of rural domestic sewage[J]. Research of agricultural modernization, 2021, 42(2): 242-253.

[151] KUMAR V, SRIVASTAVA S, THAKUR I S. Enhanced recovery of polyhydroxyalkanoates from secondary wastewater sludge of sewage treatment plant: Analysis and process parameters optimization[J]. Bioresource technology reports, 2021, 15(8): 100783.

[152] SAHU A K, MITRA I, KLEIVEN H, et al. Cambi rocess (CambiTHP) for sewage sludge treatment[J]. Clean energy and resource recovery, 2022: 405-422.

[153] ESLAMI N, TAKDASTAN A, ATABI F. Treatment of PCBs contaminated soil via aerobic vermicomposting process amended with biological sewage sludge[J]. Jundishapur journal of health sciences, 2021, 13(1): 114024.

[154] XUE T, HAN F, WANG S, et al. Research on efficiency of improved ifas process in treating rural sewage[J]. IOP conference series: earth and environmental science, 2021, 632(5): 52050.

[155] WANG T. Study on rural domestic sewage treatment scheme[J]. IOP conference series: earth and environmental science, 2021, 781(3): 32040.

[156] SCARCELLI P G, RUAS G, LOPEZ-SERNA R, et al. Integration of algae-based sewage treatment with anaerobic digestion of the bacterial-algal biomass and biogas upgrading[J]. Bioresource technology, 2021,340(21): 125552.

[157] GAO Y, YANG J, SONG X, et al. Co-treatment with mixed municipal sewage and landfill leachates via the hydrolytic acidification sequencing batch reactors- membrane bioreactor process[J]. Desalination and water treatment, 2021, 216: 96-103.

[158] MORSINK-GEORGALI, PHOEBE-ZOE, KYLILI A, et al. Compost versus

biogas treatment of sewage sludge dilemma assessment using life cycle analysis[J]. Journal of cleaner production, 2022, 350(20):131490.

[159] SAINI M, GOYAL D, KUMAR A, et al. Investigation of performance measures of power generating unit of sewage treatment plant[J]. Journal of physics: conference series, 2021, 1714(1): 12008.

[160] IDRIS M Z, SURATMAN R, SAMSUDIN S, et al. Managing sewage treatment facilities using geographical information system application: a user requirement analysis in state of penang, malaysia[J]. IOP conference series: earth and environmental science, 2021, 683(1): 12022.

[161] KUZIN E N, AREFIEV A N, KUZINA E E, et al. Changes in soil fertility and productivity of agricultural crops under the aftereffect of urban sewage sludge and zeolite[J]. IOP conference series: earth and environmental science, 2022, 953(1): 12037.

[162] NIM A, MC A. Anaerobic co-digestion of sewage sludge and bio-based glycerol: Optimisation of process variables using one-factor-at-a-time (OFAT) and Box-Behnken Design (BBD) techniques[J]. South African journal of chemical engineering, 2022, 40:87-99.

[163] FU X, HOU R, YANG P, et al. Application of external carbon source in heterotrophic denitrification of domestic sewage: A review[J]. The science of the total environment, 2022, 817:153061.

[164] BARRAOUI D, BLAIS J F, LABRECQUE M. Cleanup of sewage sludge spiked with Cd, Cu, and Zn: Sludge quality and distribution of metals in the "soil-plant-water" system[J]. Chemosphere, 2021, 267:129223.1-129223.11.

[165] PATEL H V, BRAZIL B, LOU H H, et al. Evaluation of the effects of chemically enhanced primary treatment on landfill leachate and sewage co-treatment in publicly owned treatment works[J]. Journal of water process engineering, 2021, 42(9): 102116.

[166] CZAJKOWSKA J, MALARSKI M, WITKOWSKA-DOBREV J, et al. Mechanical performance of concrete exposed to sewage: the influence of time and pH[J]. Minerals, 2021, 11(5): 544.

[167] JI L, MA J. Sewage pumping station intelligent energy-saving control method and simulation[J]. Computer simulation, 2012, 29(12): 270-273.

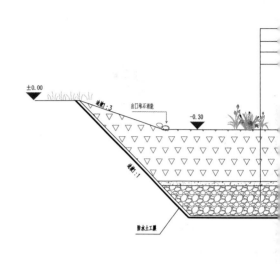

±0.00

-0.30

坡度1:3

出口块石消能

坡度1:1

防水土工膜

雨水花园剖面图(距离建筑

注：雨水花园均距离建

雨水花园编号	
YS1	
YS2	
YS3	
YS4	
YS5	
YS6	
YS7	
YS8	
YS9	
YS10	
YS11	
YS12	
YS13	
YS14	
YS15	
YS16	
YS17	
YS18	

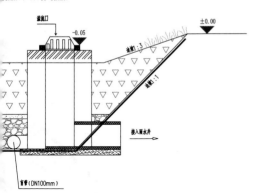

0~70mm厚生物覆盖层

50mm厚生物滞滤介质（准碎土壤比40%粗砂，40%原土，20%椰糠）

0mm厚碎石（粒径5-15mm）

50mm厚碎石（粒径30-50mm）

溢流口　　-0.05　　±0.00

坡度1:3

坡度1:1

接入雨水井

盲管（DN100mm）

物、道路3m范围内或在车库顶板上）

筑物3m以内或处于车库顶板上，需要增加防渗措施。

土壤配比			面积（m²）
沙土	壤土	粘土	
80%	0%	20%	38.02
80%	10%	10%	35.16
80%	15%	5%	35.74
70%	0%	30%	35.74
70%	10%	20%	35.74
70%	20%	10%	55
60%	0%	40%	55
60%	20%	20%	55
60%	30%	10%	42.57
50%	0%	50%	48.31
50%	20%	30%	44.13
50%	40%	10%	33.37
40%	0%	60%	49.2
40%	20%	40%	42.18
40%	40%	20%	40.46
40%	40%	20%	24.38
40%	40%	20%	35.07
40%	40%	20%	42.78

雨水花园大样图